国家标准化管理委员会统一宣贯教材
国家认证认可监督管理委员会推荐培训教材

GB/T 27305—2008

《食品安全管理体系 果汁和蔬菜汁类生产企业要求》

理解与实施

全国认证认可标准化技术委员会 编著

中国标准出版社
北京

图书在版编目(CIP)数据

GB/T 27305—2008《食品安全管理体系　果汁和蔬菜汁类生产企业要求》理解与实施/全国认证认可标准化技术委员会编著.—北京:中国标准出版社,2009
国家标准化管理委员会统一宣贯教材.国家认证认可监督管理委员会推荐培训教材
ISBN 978-7-5066-5205-6

Ⅰ.G…　Ⅱ.全…　Ⅲ.①果汁饮料-生产工艺-质量管理体系-国家标准-中国-教材②蔬菜加工食品-生产工艺-质量管理体系-国家标准-中国-教材　Ⅳ.TS255

中国版本图书馆 CIP 数据核字(2009)第 031045 号

中国标准出版社出版发行
北京复兴门外三里河北街 16 号
邮政编码:100045
网址 www.spc.net.cn
电话:68523946　68517548
中国标准出版社秦皇岛印刷厂印刷
各地新华书店经销
*
开本 880×1230　1/16　印张 7.75　字数 203 千字
2009 年 4 月第一版　2009 年 4 月第一次印刷
*
定价 **28.00** 元

《GB/T 27305—2008

〈食品安全管理体系　果汁和蔬菜汁类生产企业要求〉理解与实施》

编　委　会

前言

民以食为天，食以净为重。落实科学发展观，核心是“以人为本”，保障食品安全是全社会的共同责任。而建立健全有关食品安全的标准体系，又是开展食品安全评价活动最重要的技术基础工作。我国已于2006年发布了GB/T 22000《食品安全管理体系　食品链中各类组织的要求》，提供了适用于整个食品链中各行业各类型食品组织的通用要求。食品链中不同类型食品的生产加工活动存在较大差异，保证食品安全的基本卫生要求与关键过程控制要求等也不尽相同。食品生产企业及相关方在使用GB/T 22000中，提出了针对本类型食品专业生产特点对通用要求进一步细化的需求。

为更有效地实施GB/T 22000，中国合格评定国家认可中心在全国认证认可标准化技术委员会(SAC/TC 261)的指导下，组织相关单位技术人员完成了罐头食品、肉及肉制品、速冻果蔬、果汁和蔬菜汁类、速冻方便食品、水产品与餐饮业共七项食品安全管理体系国家标准的起草工作。这些标准用来配合GB/T 22000，以用于相应类型的食品生产企业建立、实施与自我评价其食品安全管理体系，也可用于对此类食品生产企业的食品安全管理体系进行外部评价和认证，当用于认证目的时应与GB/T 22000一起使用。

在完成以上七项国家标准起草工作的基础上，中国合格评定国家认可中心又继续组织标准起草人员和来自食品生产企业、科研院所、认证机构与行政监管部门的专家，紧密结合我国多年从事食品安全生产、监管与认证认可评价工作的实践经验，完成了食品安全管理体系系列国家标准培训教材的编撰工作。编撰的主要目的是为了帮助七类食品生产加工企业和开展食品安全管理体系认证的相关单位与审核人员正确认识和理解这七项国家标准，以促进企业加强食品安全生产管理，促进认证机构提高食品安全管理体系认证的有效性。

经SAC/TC 261组织专家审定，本套书作为国家标准化管理委员会的统一宣贯教材和国家认证认可监督管理委员会的推荐培训教材出版。包括：

1. GB/T 27301—2008《食品安全管理体系　肉及肉制品生产企业要求》理解与实施
2. GB/T 27302—2008《食品安全管理体系　速冻方便食品生产企业要求》理解与实施
3. GB/T 27303—2008《食品安全管理体系　罐头食品生产企业要求》理解与实施
4. GB/T 27304—2008《食品安全管理体系　水产品加工企业要求》理解与实施
5. GB/T 27305—2008《食品安全管理体系　果汁和蔬菜汁类生产企业要求》理解与实施
6. GB/T 27306—2008《食品安全管理体系　餐饮业要求》理解与实施
7. GB/T 27307—2008《食品安全管理体系　速冻果蔬生产企业要求》理解与实施

果汁和蔬菜汁类产品面临着众多食品安全问题，产生的原因复杂且多样，如农兽药、食品添加剂等不正确使用引致的原辅料化学物残留危害；基础设施的不足和不适宜的卫生条件；加工处理不当造成的有害微生物污染等。分析原因、制定措施、实施控制、强化监管、持续改进是贯穿整个果汁和蔬菜汁类产品原辅料验收、生产、存储和服务过程，实现食品安全管理的最佳选择。

GB/T 27305—2008《食品安全管理体系　果汁和蔬菜汁类生产企业要求》是GB/T 22000—2006《食品安全管理体系　食品链中各类组织的要求》在果汁和蔬菜汁类生产企业应用的特定要求，是根据果汁和蔬菜汁类行业的特点对人力资源、前提方案、关键过程控制、检验、产品追溯与撤回在GB/T 22000提出的要求基础上的具体化。

为了帮助我国的果汁和蔬菜汁类生产企业和相关认证机构与认证审核人员更好地学习、理解和使用GB/T 27305—2008，促进果汁和蔬菜汁类生产企业有效地建立和保持其食品安全管理体系，从而最大限度地减少食品安全危害的发生，根据国家标准化管理委员会及全国认证认可标准化技术委员会(SAC/TC 261)的要求，中国合格评定国家认可委员会(CNAS)组织该国家标准的主要起草人员和相关专家，共同编撰了《GB/T 27305—2008〈食品安全管理体系　果汁和蔬菜汁类生产企业要求〉理解与实施》。

本书每章依据标准内容分为若干节编写，每节又按照两至三个层次阐述。第一层为方便使用，列出标准的条款原文；第二层是针对该条款的理解与解释；必要

时还列有第三层实例，有助于理解标准内容，但果汁和蔬菜汁类生产企业应结合自身管理的特点来使用该部分内容。

本书的作者大部分是GB/T 27305—2008的主要起草人，来自果汁和蔬菜汁类产品的生产组织、行业协会、监管部门、认证机构和认可机构，具有较丰富的生产、监管和认证认可经验。参加本书编写的单位有：中国合格评定国家认可中心、陕西出入境检验检疫局、国家认证认可监督管理委员会注册管理部、青岛出入境检验检疫局、中国饮料工业协会、北京中大华远认证中心、北京汇源饮料食品集团有限公司、陕西恒兴果汁饮料有限公司、大连海升果业有限责任公司等。

本书的读者对象包括果汁和蔬菜汁类产品生产企业的管理人员、食品安全小组成员、原辅料采购人员、食品生产人员与检测人员，也包括从事食品安全管理体系认证审核的人员与管理人员。本书可作为对认证审核人员的培训教学书籍，也可供与果汁和蔬菜汁类产品有关的生产、销售、认证认可和监管工作人员参考使用。

由于学识、认识和经验的局限性，书中难免有理解错误和认识不到位的情况，欢迎各位读者批评指正，以便在今后实践中予以改正。

编著者

2008年12月

目录

第一章 概 述

第一节 标准的制定背景

一、果汁和蔬菜汁类行业发展概况

（一）国外概况

由于果汁和蔬菜汁类饮料具有营养价值高、卫生、方便、快捷等特点，正被世界各国特别是发展中国家的消费者所接受，全球果汁和蔬菜汁类饮料市场总量逐年增加。2005 年全球果汁产量为 2 130 万吨，果汁饮料为 2 709 万吨，二者合计为 4 839 万吨，比 2002 年增长 11.2%，年均增长 3.6%。橙汁和苹果汁是果汁家族中的两个主要品种。橙汁大约占据了世界果汁市场三分之二的份额，巴西和美国是橙汁生产大国，分别占世界总量的 51%和 42%。中国是浓缩苹果汁出口大国，2005 年出口 64.8 万吨，约占世界苹果浓缩汁贸易量的 70%。在果汁消费量方面，据德国果汁工业协会统计，2006 年德国、加拿大人均果汁消费量均已超过 40 L，其次是美国，为 34 L，欧盟国家人均果汁消费量为 24.4 L，日本和新加坡消费量在 16 L～20 L 之间，部分国家人均果汁消费量见图 1-1。

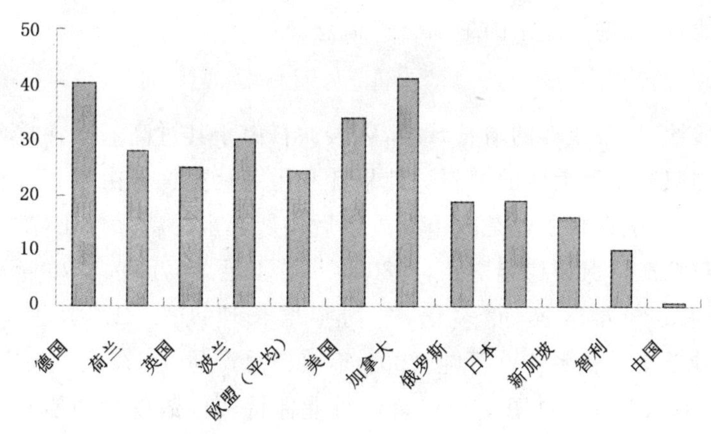

图 1-1 2006 年部分国家人均果汁消费量（来源：德国果汁工业协会）

果汁及蔬菜汁类饮料发展中具有以下几个特点：

1. 非浓缩还原果汁（NFC）异军突起

由于 NFC 风味好，营养保存多，深受关注健康人群的欢迎。1997 年～2004 年，全球范围内 NFC 市场发展迅速，销售量和销售额分别增长 68%和 64%。NFC 占全球果汁销量的 10%，销售额占 14%，主要市场是西方发达国家，美国、英国、法国、加拿大和澳大利亚 NFC 占全球果汁消费总量近 70%，其中澳大利亚消费水平最高，为人均 11 L，其次是加拿大，人均 9.6 L。

2. 复合型果蔬饮料前景看好

近几年来，复合型果汁饮料及果蔬汁饮料在发达国家发展较快，在国外市场流行品种较为繁多，市场上常见的有菠萝汁或橙汁等热带果汁与不同蔬菜汁的复合果汁饮料。例如：番茄汁与其他多种果蔬的复合汁、橙汁与胡萝卜等蔬菜汁的复合汁，芹菜汁、甜菜汁、菠菜汁等蔬菜汁配以食盐、香料和柠檬酸等制成的复合蔬菜汁等产品。针对部分人群对水果蔬菜消费欲望下降这一新动向,日本饮料商开发出"功能蔬菜汁",这种产品通常由50%蔬菜汁与50%果汁混合而成,并加入适量纤维素。目前用于榨汁的蔬菜主要有:西芹、胡萝卜、鲜牛蒡、菠菜、中国白菜、黄瓜、西葫芦、绿菜花与食用仙人掌等,用于榨汁的水果通常为柠檬、柑橘、苹果、葡萄等。

3. 特殊保健功能饮料引人关注

市场上,保健功能的果汁主要有蔓越莓果汁、西柚汁、石榴汁等品种,而花卉饮料、富碘果汁饮料、高纤维饮料也正在得到迅速发展。

(1) 花卉饮料:一种新型的天然花卉型饮料正走俏欧洲,这种花卉饮料不仅颜色赏心悦目,其气味也芳香宜人,具有滋润皮肤、美容养颜、提神醒目之功效,特别受到年轻女性消费者的青睐。花卉含有人体必需的矿物质元素、氨基酸、蛋白质及植物激素,对人体具有独特的营养作用。适合加工成花卉饮料的花卉品种有:玫瑰花、向日葵花、金银花等。花朵在盛开前人工采摘,通过加工制成半成品原料,从而确保花卉原料营养损失最少。

(2) 富碘果汁饮料:是一种以海洋藻类提取液与果汁为原料,采用科学方法加工而成的天然食品。由于海藻中含有海藻糖、甘露醇及人体必需的各种氨基酸、微量元素和多种维生素,因而该饮料不仅具有补碘作用,而且具有降血脂、软化血管和改善肝脏、心脏及其他主要器官功能的作用,效果十分明显。海藻类物质生长在海洋中,较少受到污染,是加工饮料的优质原料。

(3) 高纤维饮料:目前国外果汁饮料市场上还流行一种含有高纤维的果汁饮料,该饮料被摄入人体后能吸附肠胃中的毒素和其他不良自由基,并被快速排出体外,起到预防疾病的目的。饭前饮用纤维素饮料还可以控制饮食,有利于减肥塑身,保持理想身材,深受女性消费者的喜爱。高纤维饮料是流行在饮食、保健行业中的最新营养概念。

(二) 国内概况

饮料市场中碳酸饮料、茶饮料的增长减缓,碳酸饮料由于其过高的糖含量,已在欧美地区被界定为不适合青少年和肥胖人群消费的饮料。纯果汁和果蔬汁类饮料由于其具有的天然、健康的特性,产销量增长迅速。我国饮料工业是改革开放以后发展起来的新兴行业,虽然起步较晚,但发展十分迅速。全国饮料总产量保持稳定增长,1980年年产不足30万吨,1990年猛增到330万吨,到2000年为1 490万吨,20年增长50多倍,平均年增长速度为21.8%。2004年饮料总产量2 912万吨,其中果汁及果汁饮料500万吨;2006年饮料总产量4 220万吨,其中果汁及果汁饮料860万吨,比2004年增长72%(见图1-2)。果汁行业保持两位数以上的增长速度,是饮料工业中发展最快的行业之一。各时期果汁及果汁饮料产量见图1-2。

果汁和蔬菜汁类饮料在经历了近几年快速发展后,质量也有了明显提高。消费者对品牌的认可度得到加强,一些国内品牌在经历了几年的市场考验后,在各自的市场范围内受到消费者的青睐。果汁和蔬菜汁类饮料的果汁含量由过去的小于10%发展成为100%、40%、20%、10%等多种规格,特别是100%的果汁已被广大消费者接受。在果汁和蔬菜汁类饮料中,初步形成了以橙汁、苹果汁为主,草莓汁、桃汁、杏汁、酸枣汁、西柚汁等为辅的品种结构,特别是最近异军突起的果汁与蔬菜汁

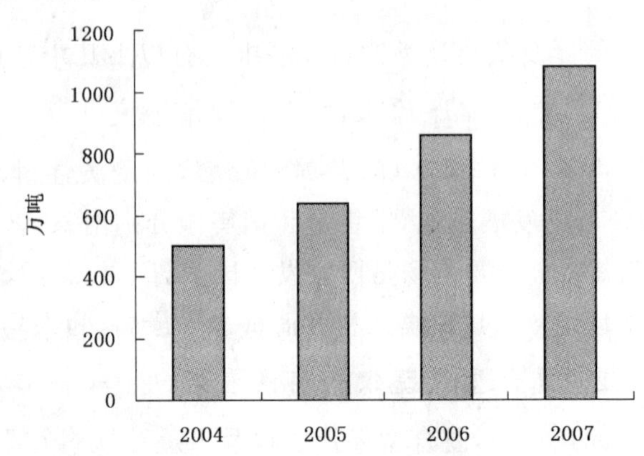

图1-2 果汁及果汁饮料产量(来源:中国饮料工业协会)

的混合饮料、高纤维饮料、果汁奶等品种将推动果汁和蔬菜汁类饮料市场再上新台阶。果汁和蔬菜汁类饮料的外包装质量也在不断改进，改变了过去小容量纸塑包装的单一形式，注重包装容量、材质的多样化，发展了适合家庭、餐饮的大容量包装。无菌灌装技术的推广和消费者观念的更新也促进了果汁和蔬菜汁类饮料的消费。果汁和蔬菜汁类饮料的生产已由过去的大小企业一起上转变为现在有相当实力的企业的介入、国内上市公司的加盟、国际大公司的投入，使果汁和蔬菜汁类饮料的生产以国际先进水平为目标快速发展。

我国用于果汁加工的水果资源丰富，其中，苹果产量位居世界第一，柑橘产量居世界第二，梨、桃等产量也位居世界前列。目前我国可供生产浓缩果汁、果浆的水果有苹果、橙、柑橘、黑加仑、菠萝、西番莲、葡萄、刺梨、桃、杏、草莓、芒果、山楂等，其生产情况大致为：

1. 生产能力向浓缩苹果汁高度集中

浓缩苹果汁作为饮料的基础配料，国外 90％的饮料生产厂商将浓缩苹果汁用作饮料生产的勾兑和调味，因此未来浓缩苹果汁行业的发展前景是相对稳定的。我国浓缩苹果汁加工业经过 20 多年的发展取得了引人注目的成绩，加工能力从 1982 年的不足 5 t/h 发展到 2006 年的 2 700 t/h，产能从不足 1 000 多吨发展到目前的 100 万吨。统计资料显示，2001 榨季产量为 25 万吨，2004 榨季产量为 77 万吨，2006 榨季产量约 71 万吨。2002 年出口量 29.83 万吨，2004 年出口量 48.7 万吨，2006 年出口量 67.3 万吨，2007 年出口量达到 100 万吨以上，大大超过原先的预测。近几年苹果产量与浓缩苹果汁出口量见图 1-3。自 2003 年开始中国浓缩苹果汁的出口已占世界浓缩苹果汁贸易总量的一半以上，在美国市场，每消费 10 瓶苹果汁，就有 7 瓶是中国生产的。中国已成为世界最大的浓缩苹果汁生产国，但国内消费量不足总产量的 5％。

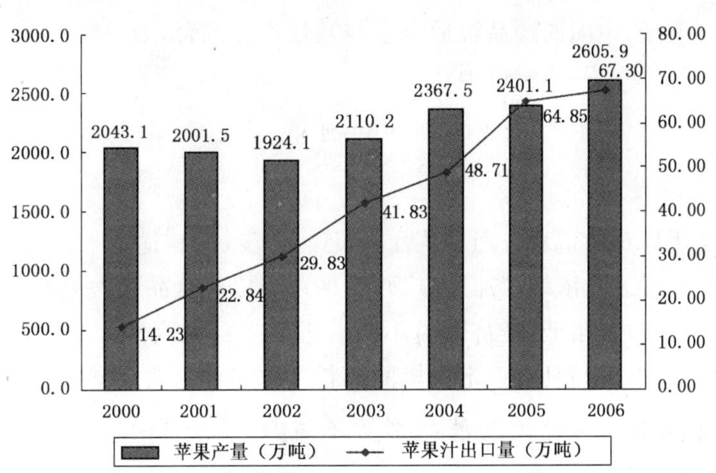

图 1-3　苹果产量及浓缩苹果汁出口量（来源：中国饮料工业协会）

2. 橙汁市场依赖进口

橙汁是世界上贸易量最大的果汁产品之一，大约占据世界果汁市场的三分之二。目前我国橙汁主要依靠进口，浓缩橙汁进口量从 2000 年不到 1 万吨，2002 年 3.7 万吨，增加到 2006 年 6.3 万吨，比 2002 年增加近 100％，我国柑橘产量及浓缩橙汁进口量见图 1-4。随着近几年我国经济的持续发展，橙汁消费量从 2000 年的人均不到 0.1 L 上升到 2005 年的 0.5 L，预计到 2015 年，我国橙汁人均年消费量将达到 2.6 L～3 L 的水平。

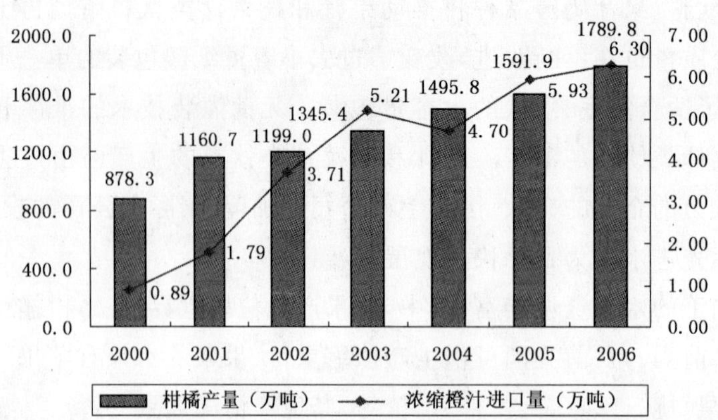

图 1-4 柑橘产量及浓缩橙汁进口量(来源:中国饮料工业协会)

3. 热带水果果汁开始受到关注

我国种植的热带水果主要包括:柑橘、菠萝、芒果、荔枝、龙眼(桂圆)、椰子、香蕉、番石榴、木瓜、石榴、杨桃和莽吉柿等。1994 年,我国热带水果的产量还不足 1 000 万吨;到 2006 年,热带水果的产量已增加至 2 000 万吨。

我国发展热带水果浓缩果汁生产有着非常大的优势,适合工业化生产的品种很多,尤其是菠萝、百香果、木瓜、香蕉、芒果等。由于这些水果只能生长在热带、亚热带地区,不可能像苹果那样超大规模种植,因此其产量有限。如 2002 年全世界的菠萝浓缩汁的需求量为 30 万吨,而市场供应量只有 5 万吨,中国出口的只有几千吨,其中 80%以上由广西生产,缺口之大是其他果汁无法比的。

现在政府正在增加对热带水果(包括菠萝)浓缩汁的投入。2006 年,菠萝浓缩汁的产量达到了 2 万吨,其中有 3 530 吨供出口;每年生产的芒果 61 万吨,生产的芒果汁(30 Brix)为 7 000 吨~9 000 吨;西番莲浓缩汁(50 Brix)1 000 吨。这些产品主要供应国内市场,由于产量少,难以与南美洲的产品进行竞争。但是,中国的产品很适合于与其他产品混合,如果能增加产量,必将受到欧洲进口商的欢迎,使全球又增加一个主产地。

(三)果汁和蔬菜汁类生产企业面临的问题

1. 原料质量有待提高

我国在果汁加工用原料的选育方面取得了一定的进步,但是适合加工的果品品种仍然很少,制约了果汁加工业的发展。在浓缩汁加工方面,长期以来以鲜食品种为原料进行加工制约了苹果浓缩汁的出口,产品的出口价格低,经济效益不高。近年来虽在高酸度加工用苹果品种的引进与栽培方面做了大量的工作,但是具有一定规模的原料基地建设仍然没有取得很大的成效。

2. 生产企业管理水平与快速发展的形势不适应

我国果汁和蔬菜汁类饮料生产历史较短,生产规模在最近几年快速扩张。但由于资金投入、规模等方面问题的制约,少数生产企业在原料基地、生产工艺的管理和生产设备、生产条件的配置以及技术人才的储备方面,与快速发展的行业形势还存在着一定的差距。

3. 标准体系与质量控制体系有待完善

目前国内国际市场正在走向一体化,生产标准和技术要求也要进行国际化认定和规范。我国果汁和蔬菜汁加工业的质量标准体系、检验检测体系及质量认证体系建设与国际先进水平相比还存在着一定差距。随着果汁和蔬菜汁加工业的快速发展,我国果汁和蔬菜汁标准化工作应从为生产、管理服务转变到为贸易服务,着眼于标准的适用性。积极参加制定和修订国际标准,加速我国相关标准的制定和完善,不断提高我国果汁和蔬菜汁加工业的技术水平,加强质量控制和监督,保

证我国果汁和蔬菜汁加工业的快速和良性发展。

近年来研究院所、高校、企业也投入了较多的科研力量，围绕果汁和蔬汁类饮料的低物耗、低能耗、营养成分的保留、最佳色泽、不同果汁、蔬菜汁、蛋白饮料之间的混配、外观形态及质量保证等课题，从品种改良、引种、果蔬提取工艺、浓缩工艺到果汁和蔬菜汁饮料的产品配方设计、生产工艺、设备等方面开展了大量的科研工作，取得了一些成绩。相信通过这些努力，我国的果汁和蔬菜汁类饮料行业必会有所发展。

二、食品安全管理体系标准的建立与完善

（一）缺少统一的食品安全管理体系标准

食品安全问题是一个社会问题，涉及到法律法规建设、管理监督水平、食品生产经营者的素质、社会消费观念等多个方面，需要从多个层面、选择多种途径和采取措施予以关注和解决。作为被国际社会广泛接受的有效途径——食品安全管理体系的建立和实施，同样得到了我国食品安全行政管理部门和专业技术人员的认可。

1997 年，HACCP 原理被国际食品法典委员会(CAC)接受，并被应用于其修订的《食品卫生通则》，基于 HACCP 的食品安全管理体系得到了更广泛的认同。

但在长达 20 年的时间里，国际上没有统一和成熟的基于 HACCP 的食品安全管理体系评价准则，而存在着以环球食品安全动议(GFSI)为代表的以 ISO/IEC 指南 65《产品认证机构通用要求》为认可准则的产品认证模式，也有融合 HACCP 原理和 ISO 9001 标准的体系模式(GB/T 19080—2003/ISO 15161:2001《食品与饮料行业 GB/T 19001—2000 应用指南》)；即便在同一国家，不同机构也有不同的认证准则。我国相关部门也出台了很多评价要求和规定，很不一致。

考虑到食品企业对 HACCP 认证的需求，为规范认证机构有关 HACCP 认证的活动，中国合格评定国家认可委员会于 2002 年底启动了 HACCP 认证机构认可试点工作。在认可试点工作中，发现认证机构所依据的认证准则各不相同，各第三方认证机构的认证结果既缺少了可比性，也缺乏了可信性；既让企业无所适从，也让第三方机构认证评价工作进退维谷。为此，中国合格评定国家认可委员会开始了在统一国内食品安全管理体系认证标准方面的尝试。

（二）食品安全管理体系认证标准的发展

1.《基于 HACCP 的食品安全管理体系　规范》

为解决认证依据的一致性，2004 年 1 月 16 日，中国合格评定国家认可委员会发布了《基于 HACCP 的食品安全管理体系　规范》，为认证结果的可比性提供了基本条件。

《基于 HACCP 的食品安全管理体系　规范》，考虑了管理体系的完整性、国际兼容性、应用可操作性和科学性的要求，还将国内外法规、标准和其他要求渗透于体系中；同时，为验证基于 HACCP 的食品安全管理体系的有效性，确保食品安全，体现生产加工企业对消费者的食品安全承诺，还考虑了体系评价中成品和半成品检验中抽样方法、检验方法的区域差异要求。

《基于 HACCP 的食品安全管理体系　规范》为我国食品企业建立基于 HACCP 的食品安全管理体系提供了专业化的统一的依据，为社会、顾客和第三方认证机构评价企业的食品安全管理体系提供了评价准则，为政府对食品企业的管理和监督提供了依据。

2. GB/T 22000—2006/ISO 22000:2005《食品安全管理体系　食品链中各类组织的要求》

2002 年，“食品安全管理体系　食品链中各类组织的要求”列入国家“十五”重大科技专项“食

品安全技术”课题重要考核指标之一。

2004年，在课题研究及跟踪ISO 22000《食品安全管理体系　食品链中各类组织的要求》(征求意见稿)的基础上出台了《食品安全管理体系通用评价准则——食品安全管理体系对整个食品链中组织的要求》(HACCP-EC-01)并开展了标准的试用工作。

2005年，国家认证认可监督管理委员会发文要求中国合格评定国家认可委员会在相关认可机构和组织中试行课题成果HACCP-EC-01。

2006年，在课题研究与应用基础上，结合我国食品企业质量管理和食品安全工作实际，GB/T 22000—2006《食品安全管理体系　食品链中各类组织的要求》正式发布。

（三）《食品安全管理体系　果汁和蔬菜汁类生产企业要求》应运而生

随着GB/T 22000—2006《食品安全管理体系　食品链中各类组织的要求》正式发布，我国有了与国际接轨的统一的食品安全管理体系的评价标准。该标准适用于食品链中所有方面和任何规模的、希望通过实施食品安全管理体系以稳定提供安全产品的所有组织。由于其普遍适用性，该标准就不可能针对不同类型的组织提供特性的帮助。

在果汁和蔬菜汁类食品安全方面，在生产环节，存在着各种问题，迫切需要有标准指导生产企业和认证机构，从该类生产企业存在的食品安全关键问题入手，结合该类企业生产特点，针对企业卫生安全生产环境和条件、关键过程控制、产品检验等，在生产、运输等环节对食品安全管理体系建立和实施方面进行指导和帮助。

为了提高我国果汁和蔬菜汁类产品安全水平、提高我国食品企业市场竞争力，企业和认证机构迫切需要一部针对果汁和蔬菜汁类生产特点的专项食品安全管理体系标准，于是GB/T 27305—2008《食品安全管理体系　果汁和蔬菜汁类生产企业要求》应运而生。

第二节　标准的起草过程与编制原则

一、任务来源

GB/T 27305—2008《食品安全管理体系　果汁和蔬菜汁类生产企业要求》的制定任务列入国家标准化管理委员会国家标准计划，项目序号为20068054-T-469。本标准由中国合格评定国家认可中心和陕西出入境检验检疫局共同提出，由全国认证认可标准化技术委员会归口。

该标准由中国合格评定国家认可中心、陕西出入境检验检疫局、国家认证认可监督管理委员会注册管理部、青岛出入境检验检疫局、中国饮料工业协会、北京中大华远认证中心、北京汇源饮料食品集团有限公司、陕西恒兴果汁饮料有限公司、大连海升果业有限责任公司等单位组成标准起草组共同完成。

二、起草过程

接到标准编制任务后，全国认证认可标准化技术委员会和中国合格评定国家认可中心立即联合与食品安全相关部门和单位成立了标准起草工作组，起草工作组在对GB/T 22000—2006及FSMS-04:2007《食品安全管理体系　果蔬汁生产企业要求》跟踪和研究工作的基础上，收集了国内外有关资料，了解果汁和蔬菜汁类饮料行业有关技术发展动态，并对我国果汁和蔬菜汁饮料生产企业的生产现状作了调研，明确了工作重点和进程安排。

（一）形成征求意见稿

2007年8月30日，标准起草工作组召开了第一次会议。会议上进一步明确了国家标准起草

工作要求，就标准的基本框架及内容进行了讨论，研究了标准宣贯教材的编写工作并对工作组成员分工、工作进度及时限要求作了具体安排。会后初步完成了标准草案稿。

2007年11月6日至8日，标准起草工作组召开了第二次工作会议。会上标准起草工作组对标准草案稿逐字逐句进行了讨论，根据讨论意见对标准文本作了仔细认真的修改，同时通报了标准宣贯教材的编制工作情况并研究了相关问题。根据工作组第二次工作会议的精神，工作组形成了标准征求意见稿。

（二）形成送审稿

2008年1月底，全国认证认可标准化技术委员会将《食品安全管理体系　果汁和蔬菜汁类生产企业要求(征求意见稿)》向来自政府监管部门、认证机构、认可机构、果汁及蔬菜汁类生产企业等机构的79位专家征求意见。截至2008年3月29日公示期结束，共有13位专家或机构提出了85条相关的修改意见和建议。

2008年4月10日至4月11日，标准起草组召开了第三次会议，会上，起草组讨论、研究了标准征求意见稿公示期间专家们提出的意见和建议，最终形成了标准送审稿。

（三）审定和报批

2008年5月15日，该标准通过SAC/TC 261组织的标准审定会。审定委员会认为，该标准根据我国多年开展果汁和蔬菜汁类生产企业HACCP体系管理、监管与认证的实践经验，吸收了国际食品法典委员会(CAC)、美国食品与药品管理局(FDA)CFR 21 Part 120果蔬汁法规和相关国际标准的要求，结合我国国内有关法规以及果汁和蔬菜汁类产品生产卫生质量控制的经验，提出了GB/T 22000—2006《食品安全管理体系　食品链中各类组织的要求》应用于果汁和蔬菜汁类生产企业的具体要求，是自主研发的国家标准。本标准的编制对于促进果汁和蔬菜汁类生产企业实施GB/T 22000—2006和提升食品安全管理水平，提高该类食品生产企业认证的针对性和有效性具有积极意义。本标准研究提出的果汁和蔬菜汁类生产企业食品安全管理体系的具体要求填补了国内外的空白，并与GB/T 22000相协调，达到了国际先进水平。

根据审定委员会的建议和意见，标准起草组召开了专门会议，对相关意见进行了充分的研究和处理，形成了标准报批稿。

另外，标准名称起初为《食品安全管理体系　果蔬汁生产企业要求》，当时考虑到GB 10789—2007《饮料通则》将于2008年12月1日实施，标准起草组成员经过认真商讨，决定采用GB 10789—2007《饮料通则》中的定义，将标准名称变更为《食品安全管理体系　果汁和蔬菜汁类生产企业要求》。此次变更仅为标准名称的变化，为了保持与国家强制标准的一致性，未改变标准的适用范围。

三、标准编制原则

本标准是GB/T 22000—2006《食品安全管理体系　食品链中各类组织的要求》在果汁和蔬菜汁类生产企业应用的特定要求，是根据果汁和蔬菜汁类行业的特点对GB/T 22000要求的具体化，但并未针对GB/T 22000条款逐条作出解释和说明。编制该标准遵循了以下原则：

（一）与国际先进标准接轨的原则

该标准制定过程中参考了国际食品法典委员会(CAC)和欧美发达国家的最新果汁和蔬菜汁类产品卫生规范标准，借鉴了国家认监委和出入境检验检疫部门对进出口食品企业管理的先进经验，与国际先进标准接轨。

（二）和相关标准的协调性原则

该标准需要与 GB/T 22000 配合使用，虽然其与 GB/T 22000 的结构不相同，但相关内容和要求与 GB/T 22000 是相互协调的，并没有增加新的要求。

（三）继承性原则

该标准的编制基础为“十五”国家重大科技专项“食品企业和餐饮业 HACCP 体系的建立和实施”科研成果之一“食品安全管理体系　果蔬汁生产企业要求”，考虑到该科研成果已经在企业和认证机构推广和使用，为了在标准发布后，尽量减少对原科研成果使用者的影响，在本标准编制过程中，注意吸收了原有科研成果，在内容和体例上都有较好的继承和延续。

（四）简略实用和可操作性的原则

从当前我国果汁和蔬菜汁类产品企业加工、食品安全控制的实际状况和我国粗放型的食品原料生产、劳动密集型的食品加工特点出发，研究、制定和建立简略实用、操作性强的评价准则。

（五）自主创新与应用转化的原则

在研究如何将 GB/T 22000 应用于我国果汁和蔬菜汁类产品加工行业的食品安全控制的基础上，考虑了结合我国该类产品的生产特点，建立既符合 GB/T 22000 要求，又符合我国实际，具有我国自身特点，并且可用于指导建立、实施和评价我国果汁和蔬菜汁类产品加工企业的食品安全管理体系的应用。

第三节　标准的结构与特点

一、标准的结构

（一）引言

标准引言部分介绍了标准的性质、特点、适用范围以及编制的技术基础。

（二）正文

标准的正文部分包括范围、规范性引用文件、术语和定义、人力资源、前提方案、关键过程控制、检验、产品追溯和撤回共八个章。

标准第 5 章“前提方案”是标准的重点内容之一。标准在这一章明确了果汁和蔬菜汁类产品生产企业做好食品安全管理工作的基础要求，包括生产企业设施设备及维护保养、清洗消毒以及人员健康和卫生等。

标准的第 6 章“关键过程控制”是标准的又一核心内容，在这一章，标准结合果汁和蔬菜汁类产品企业生产特点，在 ISO 22000 基础上，明确了果汁和蔬菜汁类生产企业在原辅料控制、配料、杀菌、内包装材料控制等的特性要求，并着重强调了容易发生食品安全事故的运输与配送过程和冷链的保持及控制的管理要求。

标准的第 8 章明确了“产品追溯和撤回”要求。近几年政府主管部门更加强调食品的可追溯系统建设。本标准将此内容单独提出，体现了社会对企业的最新要求。

（三）附录

标准附录为资料性附录，该附录说明了 GB/T 22000—2006 与本标准之间的对应关系，目的在于方便标准使用者利用该标准建立或评价果汁和蔬菜汁类生产企业食品安全管理体系。

二、标准的特点

本标准应与 GB/T 22000—2006 配合使用，但和 GB/T 22000—2006 的结构并不相同。对于 GB/T 22000—2006 相应要求已经明确和足够详细的内容，本标准不再重复。本标准重点突出了果汁和蔬菜汁类企业生产过程中需要重点关注的卫生安全问题，提出了相应的控制要求和方法，以帮助生产企业、认证机构和相关人员在建立、实施和评价食品安全管理体系时更好地理解 GB/T 22000—2006 的相关要求，并通过满足此标准的具体要求，来满足 GB/T 22000—2006 的相关要求。

"创新和发展"始终贯穿于本标准的起草过程。本标准还特别提出了针对果汁和蔬菜汁类特点的"关键过程控制"要求，主要包括原料控制，内包装材料、食品添加剂控制，加工过程中产品实现 5-log 病原体减少的控制，加工设施设备的结构和清洗消毒过程卫生控制，过敏原、转基因等特殊原料使用的控制，避免产品交叉污染，确保消费者食用安全。

第二章　范围、规范性引用文件与术语

第一节　范　围

【标准条款】

> 1　范围
>
> 本标准规定了经加工制成的果汁和蔬菜汁类生产企业食品安全管理体系的特定要求，包括人力资源、前提方案、关键过程控制、检验、产品追溯和撤回。
>
> 本标准配合 GB/T 22000 以适用于果汁和蔬菜汁类生产企业建立、实施与自我评价其食品安全管理体系，也适用于对此类生产企业食品安全管理体系的外部评价和认证。
>
> 本标准用于认证目的时，应与 GB/T 22000 一起使用。GB/T 22000 与本标准之间的对应关系参见附录 A。

【理解与解释】

本标准规定了果汁和蔬菜汁类生产企业建立和实施食品安全管理体系的特定要求，考虑到果汁和蔬菜汁类生产企业的食品安全风险控制的重点，本标准从人力资源、前提方案、关键过程控制、检验、产品追溯和撤回等方面给出了要求。

本标准应与 GB/T 22000《食品安全管理体系　果汁和蔬菜汁类生产企业要求》共同使用，这是因为作为管理体系标准 GB/T 22000 保持了完整的系统性，适用于食品链中各类组织；而本标准对果汁和蔬菜汁类生产企业与食品安全危害发生风险相关的过程提出了要求。本标准与 GB/T 22000 共同的应用，可使果汁和蔬菜汁类生产企业建立起更具针对性的食品安全管理体系，从而提高对食品安全风险的控制能力。

本标准可用于果汁和蔬菜汁类生产企业实施和自我评价其食品安全管理体系，以证实有能力控制食品安全危害，确保产品安全。

本标准与 GB/T 22000 一起使用时可用于对果汁和蔬菜汁类生产企业食品安全管理体系的认证。

第二节　规范性引用文件

【标准条款】

> 2　规范性引用文件
>
> 下列文件中的条款通过本标准的引用而成为本标准的条款。凡是标注日期的引用文件，其随后所有的修改单(不包括勘误的内容)或修订版本均不适用于本标准，然而，鼓励根据本标准达成

协议的各方研究是否可使用这些文件的最新版本。凡是未标注日期的引用文件，其最新版本适用于本标准。

GB 2760　食品添加剂使用卫生标准

GB 2761　食品中真菌毒素限量

GB 5749　生活饮用水卫生标准

GB 7718　预包装食品标签通则

GB 10789—2007　饮料通则

GB/T 10791　软饮料原辅材料的要求

GB 12695—2003　饮料企业良好生产规范

GB 13432　预包装特殊膳食用食品标签通则

GB 14880　食品营养强化剂使用卫生标准

GB 16740　保健(功能)食品通用标准

GB 17325　食品工业用浓缩果蔬汁(浆)卫生标准

GB/T 22000—2006　食品安全管理体系　食品链中各类组织的要求(ISO 22000:2005,IDT)

【理解与解释】

1. 关于规范性引用文件的说明

本标准第 2 章“规范性引用文件”列出的国家标准，在本标准的某一条款中被引用时，该引用文件的内容就成为本标准的内容。

本标准的第 2 章“规范性引用文件”列出的引用标准有 3 个标注了日期(GB 10789—2007，GB 12695—2003，GB/T 22000—2006)，则这些引用标准“随后的修改单(不包括勘误的内容)或修订版均不适用于本标准”。在这种情况下，虽然标准本身不使用所引用文件的修订版，但是“鼓励根据本标准达成协议的各方研究是否可使用这些文件的最新版本”。即标准的使用者可以根据实际情况，识别并评价引用文件的最新版本的适用性，以确定是否使用。

如果引用的文件不标注日期，那么引用文件如果修订，则“其最新版本适用于本标准”，而当时引用的修订之前的版本不再适用于本标准。

2. GB 2760《食品添加剂使用卫生标准》

该标准规定了食品添加剂的使用原则、允许使用的食品添加剂品种、使用范围及最大使用量或残留量，该标准为强制性标准，所有食品添加剂生产、经营和使用的相关单位、人员均应遵守。该标准至 2007 年共进行了多次修订，最新发布的 GB 2760—2007《食品添加剂使用卫生标准》是在 GB 2760—1996《食品添加剂使用卫生标准》的基础上修订而成，是修订最大的一次，也是比较全面的一次，其正式实施日期为 2008 年 6 月 1 日。

2007 年修订的标准具有以下特点：

(1) 进一步明确了食品添加剂种类和使用范围。新标准全面整合和梳理了 1996 年以来卫生部公告的添加剂名单，将食品添加剂分为 23 类。

(2) 标准的科学性进一步提高。标准修订过程中充分比较和吸收了 CAC 和美国、欧盟、加拿大、澳大利亚等国家或地区的先进成果，广泛征求了有关专家和部门、行业协会及企业的意见，系统开展了食品添加剂监测和风险评估，提高了标准的适用性和先进性。

(3) 建立了适用于食品添加剂使用的食品分类系统，分为十六大类：一是乳及乳制品，二是脂防、油和乳化脂肪制品，三是冷冻饮品，四是水果、蔬菜(包括块根类)、豆类、食用菌、藻类、坚果以及籽类等，五是可可制品、巧克力和巧克力制品(包括类巧克力和代巧克力)以及糖果，六是粮食和粮食制品(包括大米、面粉、杂粮、块茎植物、豆类和玉米提取的淀粉等)，七是焙烤食品，八是肉及肉制品，九是水产品及其制品(包括鱼类、甲壳类、贝类、软体类、棘皮类等水产品及其加工制品)，十是蛋及蛋制品，十一是甜味料(包括蜂蜜)，十二是调味品，十三是特殊营养食品，十四是饮料类，十五是酒类，十六是其他类，使标准的操作性进一步增强。目前市场上存在的所有食品都能方便地找到对应可以使用的添加剂和使用要求，便于企业依法组织生产、有关部门监管以及社会监督。

GB/T 27305—2008 在"6.3.1"中引用了 GB 2760。

3. GB 5749《生活饮用水卫生标准》

GB 5749—2006《生活饮用水卫生标准》是在 GB 5749—1985 的基础上修订而成的，于 2007 年 7 月 1 日起实施。

修订后的标准具有以下三个特点：

(1) 加强了对水质有机物、微生物和水质消毒等方面的要求。新标准中的饮用水水质指标由原标准的 35 项增至 106 项，增加了 71 项。其中，微生物指标由 2 项增至 6 项；饮用水消毒剂由 1 项增至 4 项；毒理指标中无机化合物由 10 项增至 21 项；毒理指标中有机化合物由 5 项增至 53 项；感官性状和一般化学指标由 15 项增至 20 项；放射性指标中修订了总 α 放射性。

(2) 统一了城镇和农村饮用水卫生标准。

(3) 实现饮用水标准与国际接轨。新标准水质项目和指标值的选择，充分考虑了我国实际情况，并参考了世界卫生组织的《饮用水水质准则》，参考了欧盟、美国、俄罗斯和日本等国家和地区饮用水标准。由于我国地域广阔，各地具体情况不同，新标准中的水质非常规指标及限值的实施项目和日期将由省级人民政府根据当地实际情况确定，全部指标最迟于 2012 年 7 月 1 日实施。

GB/T 27305—2008 在"5.2.2"中引用了 GB 5749。

4. GB 7718《预包装食品标签通则》

GB 7718—2004《预包装食品标签通则》于 2004 年 5 月 9 日修订发布，并于 2005 年 10 月 1 日开始实施。

GB 7718—2004《预包装食品标签通则》是对 GB 7718—1994《食品标签通用标准》的修订，规定了预包装食品标签的基本要求及标注内容，适用于提供给消费者的所有预包装食品标签。它针对消费者普遍关心的利用产品名称混淆食品真实属性以欺骗消费者的问题、防腐剂(包括甜味剂、着色剂)具体名称标注问题、特殊膳食用食品营养成分和能量标注问题等做出了明确的规定，进一步强化了食品标签的真实性。

GB/T 27305—2008 在"8.1 标识"中引用了 GB 7718。

5. GB 10789—2007《饮料通则》

该标准规定了饮料的分类、类别、定义、种类和技术要求，适用于饮料的生产、研发以及饮料产品标准和其他与饮料相关标准的制定，2008 年 12 月 1 日实施。

6. GB/T 22000《食品安全管理体系 食品链中各类组织的要求》

该标准等同采用国际标准 ISO 22000:2005《食品安全管理体系 食品链中各类组织的要求》(Food safety management systems—Requirements for any organization in the food chain)。该标准规定了食品安全管理体系的要求，以便食品链中的组织证实其有能力控制食品安全危害，确保其提供给人类消费的食品是安全的。

GB/T 27305—2008 是 GB/T 22000—2006《食品安全管理体系　食品链中各类组织的要求》在果汁和蔬菜汁类生产企业应用的特定要求，是根据果汁和蔬菜汁类生产企业的特点对 GB/T 22000 要求的具体化，但并未针对 GB/T 22000 相应条款给出具体要求和方法。

GB/T 27305—2008 在"3　术语和定义"中引用了 GB/T 22000。

第三节　术语和定义

【标准条款】

> **3　术语和定义**
>
> GB/T 22000—2006 确立的以及下列术语和定义适用于本标准。
>
> **3.1**
>
> **果汁和蔬菜汁类　fruit and vegetable juices**
>
> 用水果和(或)蔬菜(包括可食的根、茎、叶、花、果实)等为原料，经加工或发酵制成的饮料。
>
> [GB 10789—2007，定义 5.2。]

【理解与解释】

GB 10789—2007《饮料通则》中对果汁和蔬菜汁类定义如下：

果汁和蔬菜汁类　fruit and vegetable juices

用水果和(或)蔬菜(包括可食的根、茎、叶、花、果实)等为原料，经加工或发酵制成的饮料。

果汁和蔬菜汁类饮料又可细分如下：

1. 果汁(浆)和蔬菜汁(浆)　fruit/vegetable juice (pulp)

采用物理方法，将水果或蔬菜加工制成可发酵但未发酵的汁(浆)液；或在浓缩果汁(浆)或浓缩蔬菜汁(浆)中加入果汁(浆)或蔬菜汁(浆)浓缩时失去的等量的水，复原而成的制品。可以使用食糖、酸味剂或食盐，调整果汁、蔬菜汁的风味，但不得同时使用食糖和酸味剂，调整果汁的风味。

2. 浓缩果汁(浆)和浓缩蔬菜汁(浆)　concentrated fruit/vegetable juice (pulp)

采用物理方法从果汁(浆)或蔬菜汁(浆)中除去一定比例的水分，加水复原后具有果汁(浆)或蔬菜汁(浆)应有特征的制品。

3. 果汁饮料和蔬菜汁饮料　fruit/vegetable juice beverage

(1) 果汁饮料　fruit juice beverage

在果汁(浆)或浓缩果汁(浆)中加入水、食糖和(或)甜味剂、酸味剂等调制而成的饮料，可加入柑橘类的囊胞(或其他水果经切细的果肉)等果粒。

(2) 蔬菜汁饮料　vegetable juice beverage

在蔬菜汁(浆)或浓缩蔬菜汁(浆)中加入水、食糖和(或)甜味剂、酸味剂等调制而成的饮料。

4. 果汁饮料浓浆和蔬菜汁饮料浓浆　concentrated fruit/vegetable juice beverage

在果汁(浆)和蔬菜汁(浆)、或浓缩果汁(浆)和浓缩蔬菜汁(浆)中加入水、食糖和(或)甜味剂、酸味剂等调制而成，稀释后方可饮用的饮料。

5. 复合果蔬汁(浆)及饮料　blended fruit/vegetable juice (pulp) and beverage

含有两种或两种以上的果汁(浆)、或蔬菜汁(浆)、或果汁(浆)和蔬菜汁(浆)的制品为复合果蔬汁(浆);含有两种或两种以上果汁(浆),蔬菜汁(浆)或其混合物并加入水、食糖和(或)甜味剂、酸味剂等调制而成的饮料为复合果蔬汁饮料。

6. 果肉饮料　nectar

在果浆或浓缩果浆中加入水、食糖和(或)甜味剂、酸味剂等调制而成的饮料。含有两种或两种以上果浆的果肉饮料称为复合果肉饮料。

7. 发酵型果蔬汁饮料　fermented fruit/vegetable juice beverage

水果、蔬菜、或果汁(浆)、蔬菜汁(浆)经发酵后制成的汁液中加入水、食糖和(或)甜味剂、食盐等调制而成的饮料。

8. 水果饮料　fruit beverage

在果汁(浆)或浓缩果汁(浆)中加入水、食糖和(或)甜味剂、酸味剂等调制而成,但果汁含量较低的饮料。

9. 其他果蔬汁饮料　other fruit and vegetable juice beverages

上述 8 类以外的果汁和蔬菜汁类饮料。

【标准条款】

> 3.2
>
> **拣选　culled**
>
> 将腐烂变质、受损和其他不适于加工的果蔬剔除的过程。

【理解与解释】

将腐烂变质、受损和其他不适于加工的果蔬剔除可有效控制产品中的真菌毒素水平,实施时要严格控制拣选后果蔬的烂果率。

采用对柑橘表面处理的橙汁加工者,拣选可采用高品质的未受损的、直接从果树上采摘的柑橘。

【标准条款】

> 3.3
>
> **病原体 5-log 减少　5-log pathogen reduction**
>
> 使果汁和蔬菜汁类产品中相关病原体(致病菌)的数量至少减少 100 000 倍(5-log)的处理。

【理解与解释】

5-log 减少是指经处理后的果汁和蔬菜汁类产品中的病原体总数减少至初始时数量的十万分之一以下;处理方法不限,可以是热力杀菌,也可以是紫外线杀菌或表面清洁处理等。

没有任何一种食品加工方法能全部杀死病原体,并消除其他任何污染,因为检测方法存在一

定的检出限。科学证明，食品加工方法可以采用数学增量（即“log”）表示降低食品中致病菌的存在水平，即降低引起疾病的风险。5-log减少能够帮助果汁和蔬菜汁类产品生产企业建立安全的最低微生物标准，充分保护消费者免遭*E. coli* O157：H7和其他致病菌的危害。

5-log减少只规定了生产企业必须达到的效果，而没有规定达到这些效果必须采取的处理方法。对于企业来说，可以采用不同的方法，如采用热力杀菌的方法，巴氏杀菌是热力杀菌中被广泛运用的能够有效控制致病菌的方法；一些生产企业可能采用巴氏杀菌之外的其他控制方法用于处理（如紫外线照射，高压）；而橙汁生产企业可以通过清洗、挑选或果实分级等表面清洁处理的方法达到5-log减少的目的。企业选择的方法必须经过确认和验证，证明能够符合相关致病菌5-log减少。5-log减少相关的所有处理步骤必须在一个生产场所完成，目的是为了降低已达到5-log减少的产品遭受再次污染的风险、加工者之间的运输和贮存过程存在再次污染的可能。

【标准条款】

3.4

原位清洗　clear in place，CIP

应用水、清洗剂、消毒剂等和相关设备对闭路的食品设备及其管道内部所进行的循环性冲洗处理。

【理解与解释】

原位清洗是在不拆卸加工设备和管道的情况下，以闭路循环的方式对食品加工设备和管道进行清洗。CIP操作时应对清洗剂的浓度、温度及循环时间进行控制，应防止清洗液的残留。

【标准条款】

3.5

拆卸清洗　clear off place，COP

应用水、清洗剂、消毒剂等和相关设备对拆卸打开的设备及其管道所进行的开放性冲洗处理。

【理解与解释】

拆卸清洗是在先拆卸加工设备和管道的情况下，以开放方式对食品加工设备和管道进行清洗。

第三章 人力资源

第一节 食品安全小组的组成

【标准条款】

> 4 人力资源
>
> 4.1 食品安全小组的组成
>
> 食品安全小组的组成应满足果汁和蔬菜汁类生产企业的专业覆盖范围的要求，应由多专业的人员组成，包括从事原辅料采购和验收、工艺制定、设备维护、卫生质量控制、生产加工、检验、储运管理、销售等方面的人员，必要时可聘请专家。

【理解与解释】

果汁和蔬菜汁类生产企业的食品安全小组应由企业内负责安全卫生质量控制管理的相关专业人员组成，主要包括原辅料采购和验收、加工工艺设计、设备的维护保养、卫生质量控制、生产加工操作、检验(包括实验室检验和现场检验)、贮存运输和销售方面的人员。食品安全小组成员的水平和能力决定了企业食品安全管理体系建立的水平，因此要尽可能挑选各部门优秀、经验丰富的人员组成食品安全小组。企业应明确小组人员在食品安全管理体系中的职责：

(1) 食品安全小组组长应具备承担企业内安全卫生质量全面管理的职责的能力，并由最高管理者任命。组长也可由企业的最高管理者担任。

(2) 食品安全小组成员应按小组或(和)企业的职责分工，完成各自在食品安全管理体系中的任务。

当企业内人员不能满足要求时，可聘请企业以外的专家参加食品安全小组。对外聘的专家，也应明确其在食品安全管理体系中的职责。

【实例】

××果汁加工厂食品安全小组组成和职责

1. 食品安全小组成员名单见表 3-1。

表 3-1 食品安全小组成员名单

姓名	组内职务	职 务	职 称	工作年限	所在部门
AAA	组长	总经理	工程师	12	—
BBB	组员	副总经理兼储运部经理	工程师	10	储运部
CCC	组员	总助	高级工程师	10	总工办

表 3-1（续）

姓名	组内职务	职　务	职　称	工作年限	所在部门
DDD	组员	总助兼生产部经理	高级工程师	9	生产部
EEE	组员	经理	高级工程师	8	品控部
FFF	组员	经理	工程师	10	销售部
GGG	组员	副主任	工程师	4	办公室
HHH	组员	副经理	工程师	4	采供部

2. 食品安全小组各成员的职责见表 3-2。

表 3-2　食品安全小组成员职责表

姓名	组内职务	职　责
AAA	组长	1. 组织建立公司的食品安全管理体系。 2. 组织实施公司的食品安全管理体系。 3. 提供食品安全小组活动所需的资源。
BBB	组员	1. 组织对员工的食品安全管理体系培训。 2. 负责落实公司的食品安全管理体系的实施方案。 3. 组织食品安全管理体系文件的编制。 4. 负责产品的储运管理。
CCC	组员	1. 检查操作人员是否按照体系文件执行。 2. 监督检查环境、生产、设备的卫生是否符合要求。 3. 监督检查监控、纠偏、验证等过程。
DDD	组员	1. 负责监督实施生产加工严格按照工艺流程操作。 2. 监督做好生产加工中所要求的各种记录，并对其认真审核。 3. 监督操作人员严格按照生产操作规程执行。 4. 负责管理组织配置各种清洗、消毒液。 5. 监督检查设备是否按规定进行清洗消毒，并做好记录。 6. 负责监督生产区域的人员的前提方案的严格执行。 7. 负责检查生产设备是否正常运行。 8. 负责检修各种生产和检测设备。 9. 负责维护、保养各种生产设备。 10. 负责成品的搬运。
EEE	组员	1. 负责制定公司的食品安全管理体系及相关资料。 2. 负责落实公司食品安全管理体系的实施方案。 3. 收集和整理检测新方法。 4. 负责组织生产工序加工的产品的检测，以保证各工序产品符合要求。 5. 负责产品出厂前的检验。 6. 负责组织对食品安全管理体系实施效果验证的实验室检验。 7. 负责控制生产加工过程中所用辅料的用量用法。 8. 负责组织榨季运行过程中各种检验结果的记录及保存。 9. 负责组织按规定校准各种计量器具。 10. 负责组织维护、保养各种检测设备。 11. 监督检查食品安全管理体系各种记录是否具备，并按规定进行记录。

表 3-2（续）

姓名	组内职务	职　　责
FFF	组员	1. 负责浓缩苹果清汁销售后，用户对产品卫生质量反馈信息的收集。 2. 负责浓缩苹果清汁运输过程中的卫生、温度使之符合要求。 3. 负责产品撤回的实施。 4. 负责成品库的管理。 5. 负责成品的出厂发运。
GGG	组员	1. 负责维护工厂的建筑设施。 2. 负责厂区的环境卫生及害虫控制工作。 3. 负责监督检查职工餐厅的卫生工作。 4. 负责员工培训。 5. 负责食品安全管理体系的文件管理。 6. 负责外来人员的接待、标识。
HHH	组员	1. 负责原辅料的采购按食品安全管理体系执行。 2. 负责监督检查辅料的贮存严格执行食品安全管理体系。 3. 负责辅料的正确发放。 4. 负责监督按苹果质检办法验收原料苹果。

第二节　能力、意识和培训

【标准条款】

4.2　能力、意识和培训

4.2.1　食品安全小组应熟悉：

a)　果汁和蔬菜汁类的法律法规和标准；

b)　HACCP 原理及应用于食品安全管理体系的知识；

c)　果汁和蔬菜汁类基本知识及加工工艺。

【理解与解释】

作为果汁和蔬菜汁类生产企业的食品安全小组成员，应学习和熟悉：

(1) 国内外果汁和蔬菜汁类相关食品安全卫生质量的法律、法规和标准。

(2) HACCP 七项原理及 GB/T 22000—2006《食品安全管理体系　食品链中各类组织的要求》等。

(3) 果汁和蔬菜汁类产品的基础知识、加工工艺、设备及相关(添加剂、辅料、包装材料、标签等)基本知识。

果汁和蔬菜汁类企业的食品安全管理小组成员在学习掌握上述法律法规和标准的基础上，还要注意及时跟踪相关法律法规和标准的更新情况，并建立适用本企业的法律法规和标准的清单。

食品安全小组成员通过学习和掌握上述法律法规、标准、HACCP 原理以及相关基本知识，有助于本企业建立和实施食品安全管理体系。

【标准条款】

> 4.2.2　从事原辅料采购和验收、工艺制定、设备维护、卫生质量控制、生产加工、检验、储运管理和销售等方面的人员应具备相关能力。检验人员应具有相应的上岗资格。

【理解与解释】

1. 能力要求

企业应明确原辅料采购和验收、工艺制定、设备维护、卫生安全控制、生产加工、检验、储运管理和销售等不同岗位人员需具备的能力和技能，主要包括基本食品安全卫生知识和卫生操作知识、教育经历及从事果汁和蔬菜汁类产品生产的经验等。

2. 培训

果汁和蔬菜汁类生产企业应定期或不定期对从事原辅料验收、工艺制定、生产加工、安全卫生质量控制、检验、储运和销售等方面的管理和操作人员进行培训，必要时可组织相关人员到专门机构学习或请专家到企业内进行现场指导培训。通过培训使果汁和蔬菜汁类生产企业人员意识到所从事的活动对食品安全的重要性和对食品安全可能的影响，从而确保人员从被动参与控制食品安全的活动，到主动控制影响食品安全的活动或因素。

通过培训使从事果汁和蔬菜汁类产品安全卫生控制的操作人员和管理人员具备实施危害分析、关键控制点监控、纠正偏离和有效开展内外部沟通的能力。

检验人员应经过相关专业知识和操作技能的培训并考核合格，必要时检验人员可到具有检验资质的机构进行培训并获得相应的上岗资质证明。

应保存所有影响果汁和蔬菜汁类食品安全人员为满足食品安全所要求的能力或技能而涉及的教育、培训、技能和经验方面的记录。这些记录可包括培训课程的签到记录表以及培训具体信息(项目或内容，教师姓名和资格，受培训人最终评定结果等)、从业记录、证明教育背景的证书和专业学分等。

应对培训或教育的效果进行评价，以确保达到预期的目的和要求。评价可以采取书面考核、面试、现场演示、工作绩效追踪等方式。

【实例】

实例1　××果汁加工厂品控部品控主管的职责

××果汁加工厂品控部品控主管的职责见表3-3。

表3-3　品控主管的职责表

部门:品控部　　职位名称:品控主管　　任职者:×××	
序号	工作任务名称
1	质量统计
1.1	每月25日前实施原料、半成品、成品的质量统计分析。
2	食品安全管理体系的运行

表 3-3（续）

部门：品控部　　职位名称：品控主管　　任职者：×××	
序号	工作任务名称
2.1	按照食品安全管理体系文件的要求，实施食品安全管理体系运行过程的审核及监督检查。
2.2	负责生产过程中关键控制点监控程序的监督检查。
2.3	实施预防措施的修订。
2.4	实施不符合项的原因分析，提出纠偏建议，并跟踪预防和纠正措施的实施过程；汇总执行结果，并及时反馈。
3	品质管理
3.1	实施原材料、辅料、包装物的品质控制，收集整理原材料、辅料对苹果浓缩汁品质影响的信息。
3.2	负责新技术在品质控制中的应用。
3.3	及时对品控记录进行审核。
4	品质控制
4.1	监督检查工艺参数执行情况，做好记录，对发现的不符合项采取纠正措施并将信息按程序反馈。
4.2	监督检查进入破碎机的烂苹果数量和喷淋压力，做好记录，对发现的不符合项采取纠正措施并将信息按程序反馈。
4.3	监督检查巴杀温度、灌装温度、包装质量，做好记录，对发现的不符合项采取纠正措施并将信息按程序反馈。
4.4	监督检查理化指标在线检测的及时性、微生物指标检验的及时性，做好记录，对发现的不符合项采取纠正措施并将信息按程序反馈。
4.5	监督检查生产线用水水质情况，做好记录，对发现的不符合项采取纠正措施并将信息按程序反馈。
4.6	监督检查生产线员工个人卫生情况，做好记录，对发现的不符合项采取纠正措施并将信息按程序反馈。
4.7	监督检查清洗液浓度、清洗温度、清洗时间、生产线消毒设施运作状况，做好记录，对发现的不符合项采取纠正措施并将信息按程序反馈。
4.8	监督检查漂洗过程，做好记录，对发现的不符合项采取纠正措施并将信息按程序反馈。
4.9	实施进厂辅料的入库检验。
4.10	实施出厂成品的外观、卫生、标识的检验。
5	统计分析
5.1	每月 25 日前，上报本月原辅料检验结果及产品质量的统计分析情况。
5.2	每月 25 日前，对本月 GB/T 19000 和 HACCP 体系的运行情况作出总结并报上级审核。
5.3	每周五，上报清洗剂浓度、温度及清洗时间对清洗效果的统计分析情况。
6	计量管理
6.1	及时建立更正计量器具台账，记录其使用状态。
6.2	负责计量器具的定期校验。
6.3	负责对合格的计量器具进行统一编号，配置标识。
7	其他
7.1	负责办理上级分配的其他临时性工作。

实例2　××果汁加工厂培训程序

1. 目的

为了顺利地在本组织建立和实施食品安全管理体系，提高员工食品安全意识，确保本公司果汁产品安全，特制定本程序。

2. 范围

本程序适用于食品安全管理体系的所有人员，包括临时雇佣人员。

3. 职责

(1) 本程序由办公室归口管理，负责组织有关部门制定培训计划并按期实施。

(2) 各相关部门协助执行。

4. 培训方法

培训主要包括内部培训和外部培训两种方式。

(1) 内部培训

内部培训的主要内容包括：HACCP原理、前提方案、操作性前提方案、卫生基本知识、食品安全危害知识、GB/T 22000标准、HACCP计划等。

① 新员工培训

培训时间：新员工上岗前。

培训内容：根据岗位的要求对相关岗位的员工进行前提方案、操作性前提方案、卫生基本知识、HACCP原理以及GB/T 22000标准的基本要求；关键控制点的监控、纠偏、验证和记录；以及各岗位涉及的与食品安全管理相关的内容。

课时：10 h～20 h。

培训教师：组织内负责食品安全管理体系的管理人员、聘请的外部专家。

考核方式：培训完毕根据培训内容制定考试试卷，对员工进行考核，考核的成绩由办公室归档管理。

② 员工年度培训

培训时间：榨季开始前。

培训内容：食品安全管理体系等更深一步的知识、以及食品安全体系的更新部分。

课时：10 h～20 h。

培训教师：组织内负责食品安全管理体系的管理人员、聘请的外部专家。

考核方式：培训完毕根据培训内容制定考试试卷，对员工进行考核，考核的成绩由办公室归档管理。

(2) 外部培训

培训人员：相关人员，如管理人员、检测人员及食品安全小组人员等。

培训时间：必要时。

培训内容：HACCP相关知识，生产技能知识等。

考核方式：外部培训颁发的培训合格证书等资料由办公室归档管理。

(3) 培训效果评估和计划修订

内部培训结束后，需对培训效果进行评估，评估方式包括考试、考核、现场操作以及日常的监督和检查等，考试成绩不合格或者是实际操作不合格的进行重新培训，培训合格后方可上岗操作。评估结果需记录存档。

5. 培训记录

(1) 培训记录表见表 3-4。

表 3-4　培训记录表

培训时间			
授课人员		培训地点	
培训内容			
培训效果评价	授课人员签字：		
备　注			

记录人：　　　　　　　　　　审核人：

(2) 培训人员签到表见表 3-5。

表 3-5　培训人员签到表

姓　名	时　间	部　门	姓　名	时　间	部　门

审核人：　　　　　　日期：

第四章　前　提　方　案

第一节　基础设施和维护

【标准条款】

> 5　前提方案
>
> 5.1　基础设施和维护
>
> 生产企业的基础设施和维护保养应符合 GB 12695—2003 第 4、5、6 章的要求。

【理解与解释】

果汁和蔬菜汁类生产企业的厂区环境、厂房及设施、设备应符合 GB 12695—2003《饮料企业良好生产规范》第 4、5、6 章的相关要求。

1. 厂区环境

(1) 设计

果汁和蔬菜汁类生产企业凡新建、扩建、改建工厂中有关食品卫生部分均应按 GB 12695—2003《饮料企业良好生产规范》和 GB 14881—1994《食品企业通用卫生规范》的有关规定设计施工。在选址、厂区规划和厂房设计等方面应征求当地食品安全卫生管理机构的建议，以确保厂区环境卫生符合食品安全卫生的要求。

果汁和蔬菜汁类生产企业应将本企业的总布置图、建筑物平面图、立体图、剖面图，生产工艺流程、原辅材料、半成品、成品的质量标准和卫生标准以及其他有关资料报至本地区卫生行政部门备案。

(2) 选址

厂址要选择地势干燥、交通方便、有充足水源并不会受到洪水侵害的地区。

厂区周围不得有粉尘、烟雾、灰沙、有害气体、放射性物质及其他扩散性污染源，不得有潜在的昆虫孳生地，与污染源的距离以不影响该厂的卫生状况为准。

生产区建筑物与外缘道路之间有不少于 15 m 的防护带。

(3) 绿化

厂房之间、厂房与公路或道路之间应设绿化带。

厂区内的裸露地面应进行绿化。

(4) 道路

厂区道路应采用便于冲洗的混凝土、沥青或其他硬质材料铺设。路面平坦、无积水。

(5) 布局

建筑物、设备的布局要与工艺流程衔接合理，建筑物结构完善，能满足生产工艺和卫生质量要求。

划分生产区和生活区，且两者应分开。

2. 厂房及设施

（1）厂房及车间配置

① 厂房及车间应按工艺流程需要及卫生质量要求有序地配置。

② 生产加工和贮存场所的配置及使用面积应不低于GB 14881的要求，并与产品品种数量相适应。

③ 生产车间内，设备之间、设备与墙壁之间有适当的通道或工作空间，该空间的大小是以生产经营人员完成生产作业（包括清洗消毒），且不致因衣服或身体的接触而污染食品、食品接触面或内包装材料为原则，一般其宽度不少于100 cm。

④ 各生产车间应依其清洁要求程度分为非食品生产处理区、一般作业区、准清洁作业区及清洁作业区，各区之间应视清洁程度给予有效隔离，防止交叉污染。

⑤ 非食品生产处理区：办公室、配电室、动力装备区等。

⑥ 一般作业区：品质实验室、原料处理间、仓库、外包装间等。

⑦ 准清洁作业区：杀菌间、配料间、预包装清洗消毒间等。

⑧ 清洁作业区：灌装间。

（2）厂房建筑要求

① 厂房的各项建筑物应坚固耐用、易于维修、易于清洁，并有能防止食品接触面及内包装材料遭受污染（如有害动物的侵入、栖息、繁殖等）的结构。

② 为防止交叉污染，应分别设置人员通道及物料运输通道，各通道应装有空气幕（即风幕）或双向弹簧门及电子灭蝇（蚊）器等防虫设施。

③ 须将通向外界的管路、门窗和通风道四周的空隙完全充填，所有窗户、通风口和风机开口均应装上防护网。

④ 生产厂房的高度应能满足工艺、卫生要求，以及设备安装、维护、保养的要求。

（3）地面与排水

① 地面应使用无毒、不渗水、不吸水、防滑、无裂隙且易于清洗消毒的建筑材料铺砌（如耐酸砖、水磨石、混凝土等），地面应有适当坡度（1.0%～1.5%为宜）。

② 每50 m^2 地面至少要设置一个排水口，排水口不得直接设在生产设备的下方，所有排水口均应设置存水弯头，并配有相应大小的滤网，以防产生异味及固体废弃物堵塞排水管道。

③ 排水沟的设计应为圆弧形，其流向应由高清洁区流向低清洁区，并须有防止逆流的设计。

（4）屋顶与天花板

① 屋顶和天花板应选用不吸水、表面光滑、无毒、防霉、耐腐蚀、易清洁的浅色材料覆涂或装修，在结构上至少能起到减少结露滴水的效果。

② 食品及食品接触面暴露的上方不应设有蒸汽、水、电器等的辅助管道，以防止灰尘或冷凝水等落入。

（5）墙壁与门窗

① 生产车间的墙壁应采用无毒、不渗水、防霉、平滑、易清洗的浅色材料构筑，用此材料装修高度应直至屋顶。

② 墙壁与墙壁之间、墙壁与天花板之间、墙壁与地面之间的连接应有适当弧度（曲率半径应在3 cm以上）。

③ 所有门窗结构应采用防锈、防潮、易清洗的密封框架。

④ 准清洁区及清洁区的窗户不得打开，其他车间的门窗应有防蚊蝇、防尘设施，若安装纱门、纱窗应装设易拆下清洗的不生锈纱窗。

⑤ 生产车间不宜设窗台，若有窗台则应高于地面 1 m 以上，且台面应向内侧倾斜 45°。

(6) 采光、照明设施

① 车间或工作地应有充足的自然采光或人工照明。车间采光系数不应低于标准Ⅳ级；检验场所工作面混合照度不应低于 540 lx；加工场所工作面不应低于 220 lx；其他场所一般不应低于 110 lx。

② 照明设施的安装应与天花板齐平，并装上防护罩，不得采用水银灯泡或含水银的设施。

(7) 空气处理净化设施

① 车间必须安装有效的通风设备，其空气流向应从清洁区域流向非清洁区域，采用机械通风时，换气量应大于 3 次/h。

② 通风口必须安装易于清洗、更换的耐腐蚀防护罩，进气口必须距地面 2 m 以上，并远离污染源和排气口。

③ 准清洁区及清洁区应相对密闭，并设有空气处理装置和空气消毒设施。

④ 清洁区根据不同种类的产品特点和工艺要求分别制定不同的空气清洁度要求，如对于果汁和蔬菜汁等需要热灌装的产品其清洁区应为 10 万级洁净厂房。

⑤ 洁净厂房的设计与建造应符合 GB 50073《洁净厂房设计规范》的要求。

⑥ 洁净厂房温度应控制在 15 ℃～27 ℃之间。

⑦ 洁净厂房入口处应分别设有人员和物料的净化设施。

(8) 供水设施

① 供水设施应能提供工厂各部所需的充足水量，并有足够的压力，必要时应设储水设备。

② 食品直接接触及配料用水必须用专门管道输送，必须经过合乎卫生要求的过滤设备的过滤并与其他生产用水的管道用颜色加以醒目区别。

③ 储水设备(储水槽、储水塔、储水池等)应以无毒、不导致水质污染的材料构筑，并有防污染设备，应定期清洗消毒。

④ 过滤设备必须安全卫生，符合国家相应的卫生要求。

⑤ 供水设施出入口应增设安全卫生设施，防止有害动物或其他有害物质进入导致食品污染。

(9) 污水排放及废弃物处理设施

① 必须设有废水、废气排放及废弃物处理系统。

② 所有废水排放管道(包括下水道)必须能适应排放高峰的需要，建造方式应避免对饮料用水的污染。

③ 应设有密闭式废弃物贮存设施，该设施能防止有害动物的侵入、不良气味或有毒、有害气体溢出，便于清洗消毒。

(10) 清洗消毒设施

① 洗手设施应以不锈钢或陶瓷等不透水材料构筑，并易于清洗消毒。

② 洗手设施应设置在车间进口处和车间内适当的地点，采用非手动式开关(包括按压式自动关水开关)。水龙头数量以每班人数在 200 人以内者，按每 10 人一个，200 人以上者每增加 20 人增设一个为参考标准设置。

③ 洗手设施中应包括免关式洗涤剂和消毒液的分配器、干手器或擦手纸巾等,纸巾使用后应丢入脚踏开盖的垃圾桶内。

④ 生产车间进口处应设有工作靴(鞋)消毒池或备有防污染鞋套。消毒池壁内侧与墙体应成45°坡形,其规格应按生产经营人员必须经过消毒池方能进入车间来设计。

(11) 更衣室

① 更衣室应设于生产车间进口处,并靠近洗手设施,其大小与生产人员数量相适应,进口处设向里开的单向弹簧门。

② 更衣室内应有与生产人员数相适应的储衣柜、鞋架,并有供生产人员自检用的穿衣镜。

(12) 仓库

① 工厂应设置与生产能力相适应的仓库,仓库内应装置足够数量的货架,并使储存的物品隔墙离地各 10 cm～15 cm。

② 冷藏(冻)库存应有温、湿度指示计,还应设置自动报警器,以提示异常变动。

③ 贮存包装容器的仓库必须清洁,并有防尘、防污染设施。新包装容器、回收包装容器应分类堆放。

④ 工厂还应设置辅助储存区,配置通风系统,如储存危险品、水处理用化学品、洗涤剂、消毒剂、酸碱等,储存危险品区域应远离生产车间及食品仓库。

(13) 卫生间

① 卫生间设置应有利于生产和卫生,其数量和便池坑位应根据生产需要和人员情况适当设置。

② 生产车间的卫生间应设置在车间外侧,并一律为水冲式,备有洗手设施,出入口不得正对车间门,要避开通道,卫生间门应设自动关闭装置,要有良好的排风及照明设施。

③ 卫生间的地面、墙壁、天花板、隔板和门要用易清洗、不透气的材料构筑。

3. 生产设备

(1) 所有生产设备应排列有序,使生产作业能顺利进行,并避免引起交叉污染,各种设备的生产能力应相互匹配。

(2) 生产车间内应配置设备及工器具的消毒设施,设备及管道的清洗消毒建议使用原位清洗(CIP)系统。

(3) 设计和材质

① 用于果汁和蔬菜汁类产品制造、调配、加工、包装、储存的机器设备,其设计和构造应能防止危害食品卫生、易于清洗消毒、易于检查,并能避免机器润滑油、金属碎屑、污水或其他污染物混入食品。

② 生产设备及容器与食品接触的表面应平滑、无凹陷或裂隙,不受洗涤剂及消毒剂的影响,耐腐蚀、无毒。蒸煮锅、调配桶、储存槽(桶)及其他类似的容器设备应无死角。

③ 设备、管路、器皿及有关材料(密封圈、垫片等)应能承受所采用的热消毒温度。

④ 所有悬空的传送带、电动机或齿轮箱均应安装滴油盘,并确保泵和搅拌器的密封结构能防止润滑剂、齿轮油或密封水渗入食品及食品接触面。

果汁和蔬菜汁类生产企业的生产加工用设备、管道、器具的材质应具有坚固、光滑、不渗水、不生锈、耐高温、耐磨损、耐腐蚀、便于清洗的性能,各种设备应具有防止污染的设置,最好具有支架。

【实例】

××果汁加工厂对厂区环境、厂房和设备卫生控制要求

1. 工厂的设计和设施

(1) 选址

厂区周围均为农田，无粉尘、有害气体、放射性物质和其他扩散性污染源。工厂所处的位置高于周围地势，有利于工厂废水的排放和防止厂外污水和雨水流入厂区。工厂按照产品生产的工艺特点及场地条件等实际情况，本着既方便生产的顺利进行，又便于实施生产过程的卫生质量控制这一原则进行厂区的规划和布局。厂区的道路全部采用水泥铺制的硬质路面，路面平坦，无积水、无尘土飞扬。生产废料和垃圾由专人负责当日及时清理出厂。厂区的污水管道为暗沟，至少低于车间地面 50 cm。厂区产生的废水主要是：原料清洗水、设备清洗水、生活用水。废水经排污管道排入污水处理站。污水处理站日处理量 12 500 m^3/天，完全有能力处理所排放的污水，处理后的水可达到 GB 8978—1996《污水综合排放标准》中的一级标准。厂区有符合卫生要求的原料暂存库，成品暂存库，辅料、清洗剂及包装材料库等辅助设施。辅料、清洗剂、包装材料随用随领，不在生产车间内长时间堆放，发货前在成品暂存库检查货物的完整性。生产区与生活区隔离。厂区卫生实行部门包干制，厂区卫生分为七大部分，分别由生产部、质管部、中心化验室、采供部、办公室、财务部、验质班、装卸队每日清扫并保持。每两周由办公室负责组织对厂区卫生进行检查评比。厂区卫生间有严密的防蝇防虫设施，有排气扇保证卫生间空气通畅，安装有冲水、洗手设施。地面和墙裙用易清洗、消毒、耐腐蚀、不渗水的瓷砖建造。

(2) 厂房和车间

① 设计和布局

厂房(包括办公室、生产车间、冷库、化验室、更衣室、卫生间等)按加工产品工艺流程需要及卫生要求合理布置。使用性质不同的作业场所，按照不同工艺要求，车间分为原料果前处理间(检果、破碎)、主车间、成品灌装间三部分，彼此隔离，以防止交叉污染。

② 内部结构及装修

前处理间面积 680 m^2，主车间面积 2 850 m^2，灌装间面积 620 m^2，均采用钢混或砖砌结构为主。车间的空间与生产相适应，设备排布方向与物流方向相同，排水方向与物流方向相逆，排水畅通。

车间内地面和墙面墙壁使用浅色、平滑、耐腐蚀的瓷砖铺制，使其清洁不积水。天花板使用无毒、浅色、防水、防霉、不脱落、易用水清洗的彩板建成。车间门窗用浅色、平滑、易清洗、不透水、耐腐蚀的铝合金材料制成，车间的门窗有严密的防蝇、虫设施，车间内非封闭式窗户安装有纱网，利于拆卸清洗。车间门在生产期间关闭，且门口处装有塑料胶帘、风幕设施及灭蝇灯，可自动关闭及防蝇。车间与外界相连的通风口、排水口、进料口等均装防虫网，主车间及包装间安装有空气过滤系统的通风设施。

2. 设备

(1) 总体要求

结合浓缩苹果清汁的生产性质及相关风险，主要采用瑞士布赫公司、瑞典利乐公司等著名的食品设备制造商的设备，可以进行充分的维护和清洁，保证设备运转正常，达到预期性能，便于良好的卫生操作和卫生监测。

车间内加工设备的安装，一方面符合整个生产工艺布局的要求，按工艺流程要求排列，另一方面便于生产过程的卫生管理，使生产作业顺畅进行并避免交叉污染，同时便于对设备进行日常维护和清洁。设备与墙壁、设备顶面之间保留有一定的距离和空间，以便设备维护人员和清洁人员的出入。

生产加工过程使用的设备和工器具，尤其是接触产品的机械设备、操作台、输送带、管道等设备的制作材料应符合以下条件：

——无毒，不会对产品造成污染；

——耐腐蚀、不易生锈、不易老化变形；

——易于清洗消毒。

食品加工设备和工器具的结构在设计上便于日常清洗、消毒和检查、维护。

槽罐设备在设计和制造时，能够保证使内容物排空。

拥有与生产能力相适应的配套CIP装置，建立清洗消毒计划，由化验员验证车间清洗消毒的效果。

整个加工过程中果汁在封闭的罐或管道中，没有裸露。

生产车间配套有4台变压器(2台630 kW、1台500 kW、1台800 kW)，3口自备水井及3台15 t锅炉，保证了车间正常生产对水、汽、电的需求。

(2) 果汁控制与监控设备

用于测定、控制或记录的仪器仪表定期校准，并保持良好工作状态。

公司配备与生产能力相适应的检测仪器设备，包括常规理化检测设备和微生物检验设备等。

根据测量分析监控仪器的校准周期，质管部通知相关部门定期送有资质的鉴定单位进行校准，使仪器设备保持良好的性能及精度，满足检验工作的需要。

(3) 盛装废弃物和非食用物的容器、工作台

存放废料一律使用带盖的、非手动的垃圾桶，且不直接着地。

非食用物的容器清楚标识，防止蓄意或偶发性果汁污染。

备有与生产相适应的不锈钢托架多套，保证盛放果汁等的容器不直接着地。

配有不锈钢工作台8个。

3. 设施

(1) 供水排水设施

水源来自3口自备水井，水深为300 m，水源充足且安全，水质符合GB 5749《生活饮用水卫生标准》的要求，保存有供水管井工程资料。

工厂自备有蓄水池，容量200 m^3，加工区各部位供有充足的符合要求的加工用水。

生产用水符合GB 5749的要求。对达不到卫生质量要求的水源，进行加氯消毒，加氯后30 min使用，管网末梢水的游离氯浓度不低于0.05 mg/L。厂内饮用水的供水管路和非饮用水供水管路严格分开，并进行标识。

厂内不同用途的水管用标识加以区分，有完备的供水网络图和污水排放管道分布图以表明管道系统的安装正确性。

对生产现场的各个供水口按顺序编号，以便日常对生产供水系统的管理和维护。

车间内生产用水的供水管采用不锈钢管材，供水方向逆加工进程方向，即由清洁区向非清洁区流。车间内的供水管路走向一致。

车间的排水沟用表面光滑、不渗水的瓷砖铺砌，施工时未出现凹凸不平和裂缝，并形成3%的倾斜度，以保证车间排水的通畅，排水的方向从清洁区向非清洁区方向排放。排水沟上加有不锈钢材料制成的活动的箅子。

排水沟的出口有防鼠网罩。

排水出口处与厂区保持在200 m以上的距离。

(2) 清洁消毒设施

各车间入口处均设置有与车间内人员数量相适应的洗手消毒设施，配置数量为：各车间有消毒池1个，烘干器1台，纸巾盒1个，共有延时式水龙头11个(主车间5个，原料果前处理间3个，成品灌装间3个)，冷热水同时供应，洗手消毒设施旁张贴简明易懂的洗手消毒程序示意图，以方便按正确方法洗手消毒。各车间设有鞋、靴消毒池，池深足以浸没鞋面。要求进入车间的所有人员均按规定程序洗手消毒。

(3) 更衣设施

设有与加工人员数量相适宜与车间相连的更衣室，总面积大小为180 m^2。能够保证进入生产车间的人员每人有1个更衣柜。

个人衣物、鞋与工作服、靴分开放置。

更衣室保持良好的通风和采光，男女更衣室分开，室内通过安装紫外灯对室内的空气和更衣架的工作服进行灭菌消毒，上班前开紫外线灯消毒30 min。

设有洗衣房，每两天清洗一次工作服，使工作服保持干净卫生。

(4) 卫生间设施

卫生间的门窗不开向加工作业区，卫生间的门为双向弹簧门，每天由专人进行清洗和消毒。

卫生间的墙面用防霉涂料涂刷、地面用瓷砖铺砌，门、窗采用铝合金制作。

卫生间设施与车间加工人员相适应(主车间：男卫生间有3个蹲位，女卫生间有2个蹲位，配有2个水龙头；原料果前处理间：男卫生间有1个蹲位，女卫生间有6个蹲位，配有2个水龙头；成品灌装间：男卫生间有2个蹲位，女卫生间有2个蹲位，配有3个水龙头)。

卫生间有良好的排气和照明设施。

(5) 通风

主车间内天花板上设置有8台引风机及7台排风机，安装有空气过滤系统的通风设施。拣果破碎间及无菌灌装间上均设置了6台排风机，以保证车间内空气清新不污浊。整个车间形成了满足工艺要求的不同清洁程度的空气环境，防止室内温度、湿度过高。

(6) 照明

车间采光通过安装防水防爆灯和自然采光窗实现，车间工作场所及检验台的亮度符合生产、检验的要求。所有加工区的灯具安装位置避开生产设备和产品储罐的正上方，并装有防护罩。

(7) 仓储设施

辅料库清洁、卫生、干燥，有效防止鼠类、昆虫、鸟类进入，能保证辅料在贮存过程中品质不会变化和产生新的安全卫生危害。内外包装材料、清洗材料、辅料分开放置在不同的库房，材料置于托盘上，酶制剂存于0 ℃～10 ℃冷库中并分类存放。堆垛与墙面留有30 cm～50 cm的距离。辅料库干净卫生，照明灯安有防护罩。

收购的原料果存放于果槽中，果槽是用水泥砌成的长方形容器，槽口离地面1 m以上，果槽能够遮阳、挡雨，并且通风良好、干净卫生，在结构上防止鼠类和蛇类的进入。

半成品在冷罐存放，存放温度为0 ℃～10 ℃。成品存放于冷库中，冷库的容量与工厂的生产相适应，库内密封良好，安装有挡鼠板。成品存放温度为0 ℃～5 ℃，安装有自动温度记录仪，同时安装经过经校准的酒精温度计，以便与自动温度记录仪进行校对，确保对库内温度监测的准确性。冷库管理人员定时对库内温度进行观测记录。

第二节　卫生标准操作程序

【标准条款】

> 5.2　卫生标准操作程序
>
> 5.2.1　企业应识别、评估、确定生产加工全过程的卫生污染，建立卫生标准操作程序，形成文件，并对其实施有效的监视(包括监视的频率、人员)，制定相应的预防性纠正措施。保持对监视、纠正过程的记录。

【理解与解释】

果汁和蔬菜汁类生产企业应根据国内外法律法规和标准的要求，结合本企业的实际，识别、评估、确定生产加工全过程的卫生污染，制定文件化的卫生标准操作程序。

一般来讲，卫生标准操作程序包括生产加工用水的卫生，与果汁和蔬菜汁类产品接触的设备、器具、工作服和内外包装材料的卫生，防止交叉污染，手的清洗消毒和卫生间设施的维护，防止污染物的危害，正确标记、贮存和使用有毒有害化学物，员工的健康卫生，除虫灭鼠等方面的卫生操作、监控(频率、人员和方法)和纠正(包括纠正措施)以及监控、纠正过程的记录。

【标准条款】

> 5.2.2　接触产品(包括原料、半成品、成品)或加工设备器具的水应当符合 GB 5749 的要求。

【理解与解释】

生产加工用水可能为自备水井(池)水或公共供水(自来水)，均应符合 GB 5749—2006《生活饮用水卫生标准》的要求；对于出口果汁和蔬菜汁类企业的加工用水，还应符合进口国的相关法律法规的要求。

应在总接口处备有开口以便采样，对照检测水在厂区运行过程中是否污染。应由具有资质的检测单位每年至少检验两次并出具符合卫生标准的结果报告。自备水井(池)的周围环境应保持干净卫生，防止地下水源污染和远离农畜、污水等污染源。

贮水设备包括水塔、蓄水池和储水罐等，应定期对其清洗消毒并记录清洗消毒效果。这些设备(容器)底部应具有专用排放污水的管口，以便清洗消毒后排放污水。通过比较贮水设备出水与水源水的卫生状况可反映出对贮水设备的清洗消毒的效果。

在水源安全无法保证时，应采取过滤、紫外线照射、加氯等方法对水进行消毒处理，同时还必须对余氯进行日常的检测。

冲洗用水应是流动水，不得循环使用，冲洗原料前段的用水如要反复使用，必须经处理消毒后再用。

对厂区水源及各出水口(龙头)编号，并建立水管网络图。为防止生产加工用水污染，不同水

管应用不同颜色标记以区别冷水、热水、消防用水、污水，污水、加工用水和非加工用水管道不能交叉连接，同时还应防止管道破裂，水泵失灵。

输水管道应安装防回流的装置。

如使用蒸发器的回收水，也应确保其水质符合 GB 5749 的要求。

【实例】

××果汁加工厂的生产加工用水卫生控制要求

1. 水源及水的贮存

工厂使用的水源为远离居民 50m 以上的深井水，车间配料用水是用反渗透设备处理过的纯净水；PET 瓶/盖杀菌和冲洗使用的水是一级反渗透水；冷却用水是一级反渗透后制冷处理的冰水；工厂用水的各项指标符合 GB 5749—2006《生活饮用水卫生标准》。

供水设施：动力部负责供水设施的检查维护工作，每天检查一次做好《供水设施检查维护记录》。

原水蓄水池：原水贮存于蓄水池中，动力部每季度对蓄水池进行彻底清洗，用 100 mg/L～150 mg/L 的二氧化氯对水池喷雾消毒，并做《蓄水池清洗、消毒记录》。

生产部每月对储水罐清洗一次，并用 100 mg/L～150 mg/L 的二氧化氯冲洗消毒。

2. 生产用水处理

使用设备：反渗透设备。

参数：配料用水符合 GB 17324《瓶（桶）装饮用纯净水卫生标准》的要求，pH：5.0～7.0、电导率≤10 μS/cm。

水的预处理：将原水经过多介质过滤器，除去不溶杂质、悬浮物和胶体，然后进入活性炭过滤器去除水中的异味、有机物、细菌，部分去除铁、锰等，降低水的硬度，再进入一级反渗透设备，去除水中细菌，降低硬度及氯化物含量。

纯净水的制备：经一级反渗透完的水泵入二级反渗透设备系统处理后打入纯水罐备用。

3. 饮用水与污水的交叉污染

动力部保存有详细的供、排水网络图、蒸汽网络图，以便对生产供水、蒸汽系统的管理和维护。

生产部负责车间内各种管路的标识及管理。

4. 设施的监控

动力部负责对供水、排水设施的维护和日常维修。

动力部安排专人对供水、排水设备进行检查，对于检查不符合要求的要及时进行维修，确保供水、排水设施处于完好状态。

车间反渗透设备由车间负责维护。

质管部每天监测出口水的余氯含量，每周检测自备蓄水池水的微生物指标（细菌总数、大肠菌群、致病菌），每榨季按 GB 5749《生活饮用水卫生标准》对出口水进行全项目水质分析检测一次。

5. 纠正措施

在深井泵发生故障或水源受到污染的情况下，应立即停水，判定损坏时间，将本时间内生产的产品隔离管制，待全项检测合格后方可放行，如出现不合格品，执行不合格品控制程序。

当水质检测不合格时，立即停止生产，查找原因并采取纠正措施，进行连续监控，只有当水质符合 GB 5749 时，才能重新生产。

【标准条款】

> 5.2.3　接触产品的设备、器具和工作服等的表面应符合卫生要求。

【理解与解释】

与果汁和蔬菜汁类产品的接触面包括设备、台案、容器、内包装材料、刀具、手套、操作人员的手臂、工作服等。

生产过程中使用的工具、设备应为无毒、不吸水、不易破损、耐腐蚀、耐磨损、不生锈、光滑易清洗的材料制成，尤其是直接接触原料和食品的管道与设备优先选用不锈钢材料(316L 型)。这些材料不会因热水、清洗剂、消毒剂的使用而破损，一般不得使用木或竹制器具，防止霉变而污染产品，也不应使用容易脱落纤维的织物(手套、毛巾、抹布等)。直接接触产品的设备管道、器具必须干净卫生并应定期清洗消毒，生产加工用器具不得直接放置于地面或设备上。

工作人员必须有统一清洁的工作衣、帽、鞋、手套、口罩等。应单独设立洗衣房，工作服应统一洗涤消毒，工作人员不得将工作衣、帽穿戴出工作间，更不得带回家中使用(分清工作服和厂服的用途)。

企业应制定设备、设施、器具清洗消毒的计划，包括方法、时间、效果监测和记录等。

企业应制定设备维修、保养计划，定期按照规定方法对其进行维修、保养，特别是要做好对维修保养后的设备中有无金属、玻璃碎片等残留和润滑油的泄漏或残留等的验收。对维修保养和验收均应做好记录。

【实例】

××果汁加工厂的产品接触表面卫生控制要求

1. 与果汁和蔬菜汁类接触的表面

与果汁和蔬菜汁类接触的表面主要包括：

加工设备：配料系统、灭菌机、无菌罐、灌装机及用于传输果汁用的管道。

工器具：铁桶、小铲、称料所用的小桶、勺子、过滤网。

包装物：包装膜、包装盒、PET 瓶。

台面：电子秤、称料台、灌装机底板、旋盖机底板等。

操作人员的工作服、围裙、手臂等。

其他：空气、车间墙壁、窗户等。

2. 食品接触面的结构与材料

(1) 结构

所有的罐：罐顶、罐底为圆锥形，罐体为圆柱形，内外表面光滑，出料彻底，清洗方便。

输料管道：无粗糙焊接，内外表面光滑无凹陷、裂缝、无清洗死角。

称料所用器具：如桶、勺子、台秤无破损、无缝，结构完整。

各种台面：表面平整，不易积水。

所有设备始终保持良好的维修状态：无粗糙焊接、凹陷、裂缝。

整个生产设备设施的安装便于卫生操作，调配系统、灭菌系统、无菌罐、灌装系统均配有 CIP 系统，能有效地对设备进行清洗、消毒。

(2) 材料

车间内各种设备应为不锈钢(最好为 316 L 型)材质，容易清洗、消毒。管道接口处的垫圈、密封圈均采用无毒、耐腐蚀、不易破损、易清洗的橡胶材质。

包装物分别采用无毒、无残留的材料，与果汁接触不会造成污染。

工作服布料易于清洗，围裙为防水耐腐蚀的雨布制作。

【标准条款】

5.2.4　应确保产品免受交叉污染。

【理解与解释】

果汁和蔬菜汁类产品的加工过程应确保车间空气流向、人员走向、物品器具流向、用水流向和废物废水流向从清洁区到非清洁区(即从生产加工的后段到前段，亦即逆生产加工的方向)，避免造成交叉污染。

车间入口的通道卫生要良好，结构要合理，工作人员与物料进出车间的通道应彻底分开。

生产加工过程合理，门窗密封，并有防蝇窗纱。加工前、中、后对设备、车间、工具应及时进行清洗消毒。应将原料处理与其后工序的设备彻底隔离分开，只留工作人员进出通道。

【实例】

××果汁加工厂的防止交叉污染控制要求

1. 防止因工厂选址不合理、环境不良造成交叉污染

加工厂选择在地势干燥开阔、交通方便、水源充足的地方，厂区周围无有害气体、烟雾、灰沙和放射性物质等污染源，无昆虫能大量孳生的场所。

厂区内有与生产能力相应数量的混凝土路面，平坦宽阔，不积水。道路两侧有良好的排水系统，便于冲洗。厂区内种植有大片的草坪和树木，绿化面积充足。除厂房和道路外无裸露地面。工厂内优美的环境营造了良好的加工条件。

2. 防止因厂房布局不合理造成交叉污染

厂房布局与果汁加工工艺流程结合合理，便于卫生管理和清洗消毒。建筑结构完善，维修保养及时，能保持良好状态，并能满足生产工艺和质量卫生要求。

设置与生产能力相适应的原辅料库和成品仓库，相互之间有隔墙，必要的地方设有缓冲区。原料库、成品库、五金库、危险品库等库房均专库专用。

加工区与员工生活区严格划分。厂区布局图示例见图 4-1：

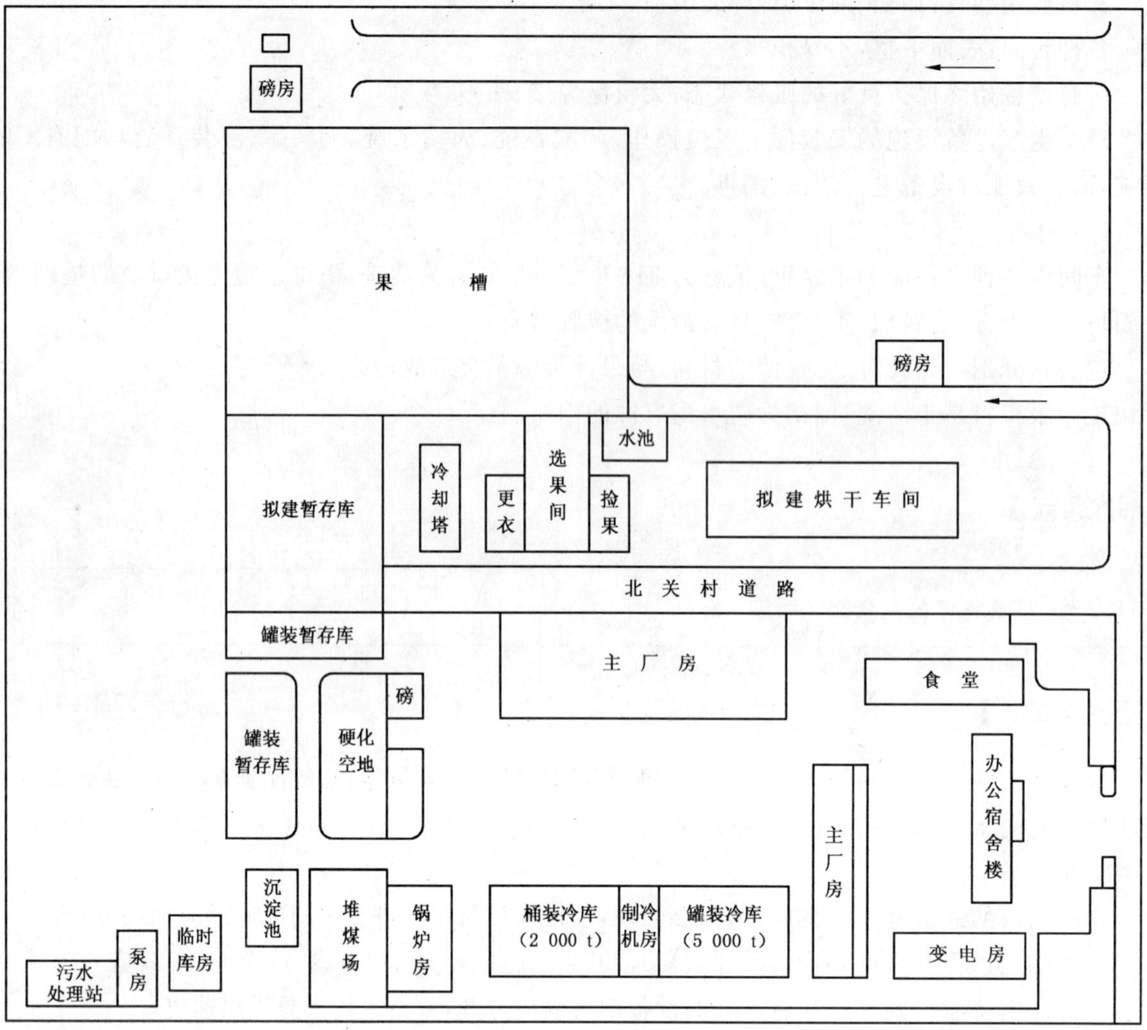

图 4-1　果汁加工厂厂区布局图

车间内部宽敞明亮，设备与设备之间，设备与地面之间均留有足够的通道和工作场地，便于员工操作设备，且不至使食品和食品接触面被员工接触而污染。

车间内水、汽(气)管，电线分别集中走向。冷水管不架设在调配区的上方并加保温层，有效防止冷凝水滴入裸露的原辅料上。

设有与车间相连接的更衣室和卫生间，其容量与车间生产人员相适应。每天由保洁员清扫，保持更衣室和卫生间的清洁卫生，不致对车间造成潜在的污染风险。

合理设计车间的人流、物流、水流和气流方向，确保人走门，物走专用入口，水流、气流均从高清洁度区域流向低清洁度区域。

车间内有良好的通风设备(房顶有排风扇，车间内有中央鼓风系统)，保持车间内空气对流，能及时将各工序产生的气流就近排走，防止在车间内交叉流动。

3. 防止清洗消毒不当造成交叉污染

生产设备、工具、容器、场地等在生产前，结束生产后均应彻底清洗消毒。不同清洁区所用工器具，有明显不同的标识，避免混用。卫生监督员应检查是否正确使用。

各工序使用的运输工具，如液压车、叉车要经常清洗，保持清洁卫生。

车间使用的清洗剂、消毒剂、润滑剂集中定点存放，专人管理，随用随领，做好领用记录，各工序使用的清洗消毒物品不得串用或混放。

4. 防止各工序之间因操作不当造成交叉污染

清洁卫生工具要专区专用。用过的清洁工具及时清洗干净，并存放在指定的区域。

维修人员对设备进行维修时，避免将油、润滑剂等物品带入食品中，避免用带油污的手、工具接触食品接触面。维修结束后及时清理现场。

对于加工过程中产生的不合格品应及时分类收集盛装，做好标识，及时处理。跌落地面的包装物避免重新直接投入使用。

调配所用的果汁、果浆进入车间前将桶表面冲洗干净，辅料托盘需清理干净后使用。

5. 防止原辅料不洁造成的污染

投入使用的原辅料均应具有该品种应有的色、香、味和组织形态，微生物指标合格，不含有毒有害物质，也未受到其他污染。

原辅料的使用遵循先进先出原则，不使用过期原辅料。

原辅材料必须经过检验，合格者方可使用，不符合质量卫生标准和要求的不得使用。合格品与不合格品分区定置存放，防止混淆和污染食品。生产过程中的不合格品用黄色专用周转箱定置存放。

6. 控制与监测

为了有效地控制交叉污染，需监测各个加工环节和食品加工环境，使员工养成良好卫生习惯。每班生产时由跟班品控员或班长监督与检查。

(1) 卫生控制项目

① 车间的设备布局要便于各生产环节相互衔接，车间建筑设施要完整，保持良好，有利于加工过程的卫生控制，防止交叉污染发生。

② 车间人流、物流、水流和气流要明确，并得到有效执行。

③ 人员的个人卫生习惯是造成交叉污染的主要来源，要指导、培训员工保持良好的个人卫生习惯。

④ 各工序操作人员严格按照本工序的工艺操作规范进行操作。

⑤ 投入使用的原辅材料应符合质量卫生标准和要求。

(2) 监测频率

① 对上述控制项目③，每班生产前由卫生监督员进行检查。

② 对上述控制项目①、②、④，生产过程中品控员随时检查。

③ 对上述控制项目⑤，由原辅料检验员每批检查。

(3) 纠正措施

当上述控制项目③、④发生偏离时，品控员应及时予以纠正；当上述控制项目⑤不符合要求时，拒绝投入使用。

【标准条款】

5.2.5　进入生产现场人员的手和与产品接触的部位应清洗消毒。应保持卫生间设施完好与清洁。

【理解与解释】

进入车间人员(生产操作、管理、检查、参观人员等)均应洗手消毒，洗手消毒设施应设置在各生产车间、包装间等入口处和工作现场，并且数量要充足，应按每10个人配备一套洗手消毒设施。配备非手动式（脚踩、感应等）具有热水和凉水供应的龙头、清洗剂（皂液）、消毒液、干手用一次性干净的毛巾、纸巾或干手器等，同时应有明确牢固的标识。

工作人员必须清楚规范的洗手消毒程序，并在洗手消毒处张贴洗手消毒程序。若应生产加工的需要，现场工作人员手臂与产品发生接触时，应对手腕、手臂一同进行清洗消毒。

与车间相连接的卫生间应设有完好的独立水冲式蹲位或马桶，并配备完好的洗手消毒设施和充足的用品以及排风、防鼠虫的设施。应按每10位人员配备一个蹲位或马桶，卫生间门为自动关闭的门并不得与车间门直接对开。不同生产区（车间）的卫生间须分别设置。

厂区内所有的卫生间都应为水冲式，每个坑位应保证有独立冲水设施，同时应有排风设施，应有防鼠、防蝇虫设施。

【实例】

××果汁加工厂人员手的清洗消毒和卫生间设施的维护要求

1. 洗手消毒

进入车间的所有人员均应严格执行本程序。

生产车间的洗手设施要求：

洗手设施的下水管通入排水管，装有防回流装置，废水不得外溢。

车间进口处，有充足的（每10人一个龙头）、处于正常使用的、方便的、非手开开关的洗手设施。

设有供洗手用的清洗剂、消毒剂、干手设施（热风），其设计及结构要防止干净的消毒过的手受到污染。

洗手的流程：

先用清水洗手→用洗手液洗手→用水冲净洗手液→在消毒液（浓度50 mg/L～60 mg/L氯离子的消毒液）中浸泡手30 s→用水洗掉消毒液→干手。

生产人员遇有下述情况之一时必须洗手：

——开始工作之前；

——上卫生间之后；

——处理被污染的原材料之后；

——从事与生产无关的其他活动之后。

2. 卫生间

车间及厂区卫生间设施的要求：

卫生间的数量足够车间工人使用，每10人一个蹲便器，并且卫生间应方便员工进出。

生产车间的卫生间设置在车间外侧，一律为水冲式，有非手动的洗手设施和供洗手用的清洁剂；设“便后洗手”的标识，并在出入口安装有灭蝇灯。

卫生间备有防臭装置（装置排风扇等），且避开通道。

卫生间出入口与车间门相隔，防止车间受不洁空气的污染。

卫生间的排污管道与车间的排污管道分设。

地面平整，采用便于清洗、消毒的材料，墙裙砌浅色、平滑、不透水、无毒、耐腐蚀、不易孳生蚊

蝇的建材白瓷砖修建，保持清洁。每天由专人用100 mg/L的二氧化氯喷雾消毒并做《卫生间消毒记录》。

3. 员工进入卫生间的步骤

（进入卫生间前）在更衣室脱掉工作服、工作帽、工作鞋→穿上自备鞋步入卫生间→入厕→便后冲卫生间→出厕→清洗双手→更衣。

4. 备注

工作服脱掉后放在更衣橱上层，禁止挂在外面。

自备鞋放在更衣室内的鞋架上，禁止将鞋放在地上。

卫生间的洗手液定期补充，洗手设施保持良好的使用状态，洗手严格按照洗手程序进行。

卫生间内保持良好的清洁卫生，将用后的纸放入专用篓内，不随地吐痰。

5. 其他卫生设施要求

生产车间设有与车间人数相适应的更衣室、卫生间。设置位置和布局合理。上述场所灯光明亮，通风良好，清洁卫生，无气味，门窗未直接开向车间。更衣室每天由专人开放2 h空气消毒器进行消毒，并做《更衣室消毒记录》。车间的入口处设有鞋、靴的消毒池，消毒池内消毒液每天由专人更换两次。

6. 进入车间的程序

在更衣室内更换工作帽、工作服、工作鞋→在更衣镜前将工作服整理好，严禁头发外露→按照洗手程序进行洗手消毒→工作鞋完全浸泡到消毒池内消毒→进入车间。

在更衣和进入车间时应注意：

工作服应保持清洁，不得穿着清洁区的工作服进入非清洁区，同样不得穿着非清洁区的工作服进入清洁区。

更衣橱保持干净、无污物，每天擦拭一次以减少灰尘。

鞋靴消毒池应达到：

——所用的消毒液为二氧化氯；

——所配制消毒液的浓度为200 mg/L～500 mg/L；

——消毒液的配置方法：先在消毒池内放入15 cm～20 cm的清水，然后用量杯量取浓度适量的消毒剂倒入水池内，将池内的溶液充分搅匀；

——消毒液的更换频率：2次/天。

7. 卫生监控项目及监控频率

洗手设施的完好状况应由车间的卫生监督员随时检查并由全体进入车间的人员共同监督。如发现洗手消毒液不足，应立即补充。干手器的工作状态，每日由车间卫生监督员随时检查确认，车间员工在使用时发现有异常情况应立即通知车间卫生监督员。

员工是否按照规定的程序进行洗手，由车间班长、卫生监督员、过程品控员随时监督。

消毒池的消毒液，由专人进行配制，过程品控员对消毒液的浓度进行检测并记录在《消毒池二氧化氯浓度检测记录表》上。

8. 纠正措施

洗手设施的下水管堵塞、废水外溢时，应立即停止使用，采用临时的洗手盆洗手，并立即通知维修人员对堵塞管路进行检修。

如进入车间的人员在使用时发现其他洗手设备不能正常工作，应立即通知班长或卫生监督员，班长或卫生监督员立即通知维修人员进行检修。

车间员工在进入车间时，如有未按照规定的程序更衣、洗手、消毒，应令其立即离开车间，按照正常的程序重新进行更衣、洗手、消毒，并且对其进行批评教育。进入车间参观的外来人员须经总经理审批，并由公司相关人员陪同，按照公司的规定进入车间。

手及鞋靴用的消毒液，一经发现变污浊或用检测试纸测试发现氯浓度低于规定的浓度时，应立即将消毒液更换。

员工在使用卫生间时，如发现便池及洗手设施、干手设施等不能正常工作，应立即通知保洁员，保洁员应通知维修人员进行检修。

车间员工使用卫生间如未按规定进行，应对其进行教育。

【标准条款】

> 5.2.6　防止润滑剂、燃料、清洗消毒用品、冷凝水及其他污染物对产品造成危害。

【理解与解释】

果汁和蔬菜汁类生产企业的车间内墙壁和天花板上不得有冷凝水，防止冷凝水中的污(异)物掉入产品中。车间空气中的落菌数不得大于 50 CFU/平皿(直径 9 cm 标准平皿暴露 5 min)。

企业应对润滑油、燃油、冷凝剂、清洗消毒剂单独设库房存放，专人管理，建立出入库登记和使用记录。在生产加工现场应对存放润滑油、清洗消毒剂的容器明确标识，且不应直接暴露于生产加工现场。

生产加工车间应排风充分，及时将蒸汽排出，避免形成冷凝水积聚于天花板或墙壁上，滴落或发霉而污染产品。冷水管道不应从生产线上方经过，避免冷水管外形成冷凝水。

车间内存放废弃物的容器应带盖(最好带有非手动盖)、密闭并有明确标识。

【实例】

××果汁加工厂防止污染物要求

1. 防止被污染的水滴和冷凝水

加强车间通风：采用机械通风，其换气量不小于每小时换气三次。进风口远离污染源和排风口，开口处应设防护罩。

车间内各种管道、管线集中走向。冷水管不应从生产线、设备上方通过并加保温层，防止冷凝水的滴落。

车间屋顶材料便于清洁，不易形成凝结水珠，屋面设计成斜坡面利于排水，防止冷凝水滴落到产品上。

车间屋顶安装相当数量的无动力风机，能及时将车间内产生的蒸汽排走，防止其凝结。

果汁所流经的管道结构完好，容器(调配罐、溶糖罐、辅料罐等)均有防护盖，能有效防止水滴和冷凝水滴入。

2. 防止污水飞溅

车间地面采用防滑、坚固、不渗水、耐腐蚀的水泥铺制，地面平坦，不积水。车间不同的地方分

别设有适当排水口和排水沟。

打扫卫生时尽量避免直接用水龙头冲洗地面，防止污水飞溅；避开生产时间进行地面卫生的清理。定期对设备、地面进行清洗消毒，及时清除地面积水，减少污染。

3. 防止外来异物的污染

生产车间内不得带入或存放个人物品。如衣服、书报、食品、药品、化妆品等。

讲究个人卫生，严禁在车间内吃食物、随地吐痰，咳嗽、打喷嚏要用手掩住口鼻，并立即洗手。

加工人员进入车间不准戴耳环、戒指、手镯、项链、手表和可能掉入食品中的其他饰品或饰物。不准化浓妆、染指甲、喷洒香水。

工作期间应穿戴好工作服、帽。工作服应盖住员工的外衣，工作帽应罩住员工的头发。

车间入口的风幕在生产期间开启，保证进入车间人员衣物上的吸附物能彻底清除，同时防止车间外部污染物的侵入。

调配罐、溶糖罐、果汁罐的出料口安装有过滤网，并定时拆洗，防止管道接口垫圈、密封圈及其他外来杂物进入产品。

维修人员每天对设备及工器具的使用状态进行检查，设备应维护良好，无松动，无破损，无丢失的金属件，使其在良好的状态下工作；维修人员对带入带出的零部件、工具数量进行清点，防止遗漏。

生产过程中产生的废料及垃圾，随时清理，运出车间后分类暂存。每班生产结束后及时运送到垃圾处理场。

车间照明设施使用防爆灯具，且安装安全防护罩，以防灯具破碎而污染产品。

产品的包装物符合卫生标准，不得含有有毒有害物质。

运输车辆设备、工具应符合食品加工卫生要求，不得污染食品。

4. 防止清洗剂、消毒剂、润滑剂的污染

使用清洗剂、消毒剂之前必须详细阅读使用说明，严格按说明书使用，防止超剂量超范围使用。

清洗剂、消毒剂、润滑剂均有正确标识，分别集中存放，专人管理，严禁使用没有标签的化学品。

使用的清洗剂、消毒剂、润滑剂易于清洗，无残留，对产品不构成污染。与食品直接接触的润滑剂应是食品级润滑剂。

对车间空间进行消毒时，对暴露的原辅料应采取防护措施。开盖的果汁桶、糖浆桶、回收料液的桶要在喷洒消毒剂之前盖好，调配罐、辅料罐的加料孔要检查是否关闭，称好的辅料袋口要封严，防止消毒剂沉降到原料中。

生产期间要随时检查冲瓶机、杀菌机的无菌水喷嘴是否畅通，确保 PET 瓶、盖经过杀菌后，无菌水能充分冲洗，杀菌剂残留符合规定要求，并填写《过滤器检查表》、《点检表》。

5. 防止空气中的灰尘颗粒的污染

工厂道路畅通、平坦，无污染源，便于车辆通行。厂区道路采用易于清洗的混凝土、水泥铺设，防止积水及尘土飞扬。

厂房与厂房之间，厂房与道路之应保持适当的距离，中间设置绿化带，厂区内无裸露地面。

工厂组建有绿化队常年维护厂区内的绿化。

每班生产结束后，车间内生产区由各班组织进行清扫；非生产区每天由厂内员工集体进行清扫。

每班对生产车间空间进行消毒，在设备进行大清洗时对相关工序的空气过滤器进行清洗。

采用安装纱窗，房顶安装排风扇，向车间输送过滤风等手段保持车间空气清洁。

6. 防止检验带入的污染

过程品控员及工序操作员进行检验所使用的取样工具、检验设备设置专门的实验台，防止对产品造成污染。

实验室环境保持干净清洁，实验室内不得存放与检验无关的物品。

7. 卫生监控项目与监测频率

定期维护通风设施，保证其正常运行。

监测频率：每班由维修工检查设备运行状况。

车间卫生状况符合食品加工要求。设备干燥无尘，地面无污垢。

监测频率：每班由卫生监督员检查一次，并填写《车间卫生检查表》。

加工设备应保持良好状态，无松动，无破损，无丢失件。

监测频率：每班交接班时由技术员检查一次，并填写《检点表》。

员工不得带私人物品进入车间，不得戴饰物，不得化浓妆，随时注意个人行为举止。

监测频率：每班由卫生监督员检查一次并填写《生产人员健康、卫生状况检查表》。

清洗剂、消毒剂、润滑剂等化学品有厂家提供的检验合格证明，质量符合相应的标准及公司要求。

监测频率：每批到货后由原料检验员检查验收，并填写《验证物资检验报告》。

8. 纠正措施

对车间卫生打扫不彻底的地方，必须清理干净后才可交接班。

员工个人卫生不符合要求的应及时指出并予以纠正。

清洗剂、消毒剂、润滑剂等化学品无检验合格证明的不予接收。

【标准条款】

5.2.7　正确标识、存放和使用各类化学品。

【理解与解释】

果汁和蔬菜汁类生产企业应对清洗剂、消毒剂、杀虫剂、灭鼠剂、实验室用化学试剂等化学品分别标记，建立清单，并设单独库房存放，由专人做出入库登记，要求要做到账物相符。化学品使用应有记录，对保管、使用人员要进行培训。

在生产加工现场应对存放有毒有害化学品的容器明确标识，且不应直接暴露于生产加工现场，可置于专用带锁的房间或柜子内。

应将化学品安全技术说明(MSDS)在化学品贮存和使用场所予以张贴明示。

【实例】

××果汁加工厂化学品控制要求

1. 化学品的购买和验收

生产车间消毒用化学品由原料保管员根据库存和使用情况及时请购；供应部实施采购。

化学品到厂后由原辅料检验员检验后，仓库保管员核对数量直接入库，在车间使用时由过程品控员对化学品使用情况进行监督，发现异常及时与原辅料检验员沟通，并与供应商联络进行相应的处理。

2. 化学品的使用

使用的食品添加剂，应符合公司的原辅材料检验技术标准、国家和进口国的标准规定。食品添加剂必须是有注册商标、生产许可证和卫生许可证的正规厂家生产的，并且在保质期内。

用于清洗和消毒作业的清洗剂和消毒剂要有供货商的证明书或检测部门的检验报告，保证在使用时的绝对安全。

与食品直接接触的设备所用润滑油为食品级。除卫生和工艺需要外，不得在生产车间使用可能污染食品的任何种类的药剂。

工厂使用的消毒剂为氯制剂，包装物杀菌使用过氧乙酸、双氧水。使用消毒剂前，做好防止食品、设备污染和人身中毒的预防措施，使用后将所有设备、工具彻底清洗，消除污染。

3. 化学品的标识和储存

清洗剂、消毒剂、杀虫剂以及其他有毒有害物品，均应有固定包装，并在明显处标识“危险品”字样，公司设置有专用库房，存放有毒有害物品，设专人保管。

因卫生和生产工艺需要在车间存放的化学药品要设置危险品标识并定点存放，专人管理。

4. 卫生控制和监测频率

对管理、使用和配制有毒有害化学物品的相关人员进行培训，对消毒剂、清洗剂的使用、标识、存放要进行严格的管理，并做好相关记录。

监测频率：贮存由保管员每周检查一次并填写《化学品检查记录》。每班接班时由使用人员填写《车间化学品使用记录》。

5. 纠正措施

管理、使用和配制有毒有害化学物品发生异常时，保管员要及时纠正；同时在使用过程中出现异常，操作人员要及时向品控员报告，品控员根据实际情况采取相应纠正措施。

【标准条款】

> 5.2.8　预防和消除虫、鼠害。

【理解与解释】

常见的预防和消除虫、鼠害的措施有物理方法（如利用防鼠板、粘鼠板、鼠夹、灭鼠盒、鼠笼防鼠灭鼠，利用灭蝇灯灭除虫害）和化学方法（如使用符合相关规定的药物在非生产区域喷洒灭虫等）。

企业应制定虫鼠害控制计划，以便有效地控制虫鼠害在设施内及其周围的活动。计划中应设计虫鼠害控制方案、时间表、规程、验证方法、记录、记录的审阅和纠正措施方案。

应对厂区内的防鼠、灭鼠（虫）设施统一编号，建立捕鼠设备网络图。灭鼠图所示各部位的捕鼠设备应具备。

车间的下水道、排风扇口需加铁网（盖），防止老鼠、苍蝇等进入车间。

车间门窗应密闭，窗户应有纱网；车间入口处应安装防鼠板、灭蝇灯，防止老鼠、飞虫进入车间。

应定期或不定期的灭虫(蝇)、灭鼠并作好记录,灭蝇率要真实。

【实例】

××果汁加工厂虫鼠害控制措施

1. 防鼠措施及方法

加工车间、库房入口设有风幕和封闭门及挡鼠板,车间与外界联系的排水沟设有带不锈钢防护罩的箅子,下水道用密封水泥管道。

车间下水道通口处用带有U型罩的不锈钢箅子密封,车间外出水口用U型弯管。

原料、成品库房外部与内部设有足够数量的鼠夹,厂房外围定点放置鼠夹,详见《防蝇、捕鼠图》。

2. 防虫措施及方法

每年定期由专人对车间周围喷洒杀虫剂,车间入口必要位置安装灭蝇灯,详见《防蝇、捕鼠图》。

3. 监测

仓储部对捕鼠设备进行编号并由专人每天检查捕鼠设备、对死鼠进行清理,每个月检查、清理灭蝇灯,做好《防鼠、防蝇设施检查记录》。

4. 纠正措施

根据发现死鼠的数量和次数以及老鼠活动痕迹的情况,及时调整防鼠方案,必要时调整捕鼠设备的疏密或更换其他类型的设备。

根据灭蝇灯检查情况及虫害发生情况及时调整杀虫方案,必要时加密灭蝇灯或采取其他相应措施。

【标准条款】

5.2.9 产品的储存和运输的条件应符合产品特性要求。需冷冻的产品应在－18 ℃以下的条件下保存和运输。

【理解与解释】

为了保证产品的安全卫生质量,果汁和蔬菜汁类产品的储存和运输条件应符合产品特性的要求。一般来讲,由于预包装果蔬汁饮料经过灭菌且经无菌灌装,所以可在常温下储运。用于再加工的果蔬汁(浆)应在冷藏或冷冻条件下储运,高糖度(大于70° Bx)的浓缩清汁具有糖度高、高渗透的特性,虽然细菌、真菌、酵母菌等微生物不易繁殖,但其品质项目(色值、透光率等)易发生变化,所以应在冷藏(0 ℃～5 ℃)条件下储运,但因受运输成本的影响,大部分都采用冷藏保存,常温运输;低糖度(小于70° Bx)的浓缩清汁、浆或原汁、浆和浊汁均应在冷冻(－18 ℃以下)条件下储运。

按照GB/T 18963—2003《浓缩苹果清汁》规定,可溶性固形物含量在70 Brix以上的浓缩苹果清汁在0 ℃～5 ℃条件下储存,常温下运输,可溶性固形物含量在60 Brix～70 Brix(不包括70 Brix)的浓缩苹果清汁在－18 ℃条件下储存和运输;浊(混)汁(浆)应在－18 ℃以下的条件下储

存和运输。

【标准条款】

5.2.10　清洗消毒的控制应满足以下要求：

a)　使用的清洗剂、消毒剂应符合食品卫生要求；

b)　对设备及管道的清洗消毒可采用原位清洗(CIP)或拆卸清洗(COP)，并应定期对清洗消毒效果进行验证；

c)　应定期对场地、工具、容器等进行清洗消毒，应在车间设置专用的工器具清洗消毒场所；

d)　清洗、拣选、破(粉)碎、榨(取)汁、酶解、浓缩、调配、过滤、杀菌、灌装、封口、冷却等工序的设备及附件，应按照规定严格清洗消毒；

e)　灌装前对与产品直接接触的内包装材料应进行消毒处理，确保其卫生符合要求。

【理解与解释】

果汁和蔬菜汁类生产加工企业使用的清洗剂(烧碱、硝酸、盐酸等)、消毒剂(次氯酸钠、过氧乙酸、双氧水、二氧化氯等)应符合食品卫生要求，在评估确定清洗剂、消毒剂的生产供应商时应索取其营业执照、生产许可证、卫生许可证、产品检验合格证等，对上述证照不全的供应商生产的清洗剂、消毒剂不予以采购。

果汁和蔬菜汁类生产加工用设备及其管道应定期进行清洗消毒，通常可采用原位清洗(CIP)和(或)拆卸清洗(COP)。

原位清洗(CIP)是对设备及其管道在密闭条件下，采用清洗消毒液连续循环的冲洗；拆卸清洗(COP)是对设备管道拆开后，采用清洗消毒液擦(刷)洗，尤其是对接口、弯管、焊接缝等死角处易于清理消毒。清洗消毒后应定期对效果进行检测(表面涂抹试验或检测最终冲洗水等)验证。

果汁和蔬菜汁类生产加工企业应定期对生产加工场地(地面、下水道、墙面、窗台等)、工具(刀、铲、筛网、滤布等)、容器(桶、盆、盘等)、设备及其附件等采用有效的方法进行清洗、消毒。有条件时，可在车间设立专用的工器具清洗、消毒场所。清洗消毒后的工器具及设备附件应置于支架上，不得置于地面或设备上。必要时应对清洗消毒效果实施检测验证。

果汁和蔬菜汁类生产加工企业应定期对原辅料清洗、拣选、粉碎、榨汁、酶解、浓缩、调配、过滤、杀菌、灌装、封口、冷却等工序的设备及附件，按照规定的方法单独或同时进行清洗消毒。

果汁和蔬菜汁类生产加工企业在灌装饮料前，应对空瓶(罐)、盖、纸质或复合包装材料按规定清洗消毒；必要时，可设专用瓶(罐)、盖清洗消毒场所。不能在生产加工现场清洗消毒，而需包装食品工业用果汁和蔬菜汁类的袋、罐应具有符合卫生要求的证明。上述经清洗消毒后的瓶(罐)、盖、袋等应置于支架上，不得置于地面或设备上。必要时对清洗消毒效果实施检测验证。

【实例】

××果汁加工厂的清洗消毒程序

1. 冲洗进料

当班人员在生产过程中及时清理沉淀池、消毒池、清水清洗池及输果槽中的杂物。打扫卫生，保持车间及果池周围环境卫生，防止蚊虫、微生物孳生污染环境。

沉淀池、消毒池、清水清洗池、输果槽等每日彻底清理一次。每周用 100 mg/L～200 mg/L 的次氯酸钠溶液对果槽、沉淀池、消毒池等涂抹式喷洒杀菌一次。

临时停机时，及时清理提升机及刷果机上的杂物，并冲洗干净。

2. 拣选破碎

及时清理拣选台下烂果及杂物，搞好地面、墙壁及设备表面卫生。

每班停机清洗一次。停机清洗时要排空破碎机及管道中物料，把破碎机、破碎机至破碎后缓冲罐之间的管道及缓冲罐等设备内外清洗干净。

3. 榨汁

生产过程中及时冲洗，保持地面、设备、墙壁干净卫生。每班对榨汁机积料盘、料箱等容易积污处刷洗一次。

运行一个月，对榨汁机上所有物料管道 85 ℃以上热水冲洗→碱洗（2%碱液）→热水冲洗（85 ℃以上）至清洗水 pH 值一次。

4. 前巴氏杀菌、预浓缩

前巴氏杀菌、预浓缩的清洗同步进行，清洗方法相同。

前巴氏杀菌、预浓缩每日碱洗一次，2%碱液，温度 80 ℃以上，循环清洗 20 min，水冲至清洗水 pH 值。

清洗结束后，用温度 90 ℃以上的热水冲洗前巴氏杀菌至预浓缩、预浓缩至脱胶缓冲罐之间的管道 10 min。

5. 脱胶（酶解或酶化）

脱胶罐料液酶化结束打往超滤后，脱胶罐用热水冲洗 10 min，再用自来水冲洗 5 min。脱胶罐到超滤液之间的管道每打完一罐料后用热水冲洗 2 min。

保持酶制剂的清洁卫生，防止污染。

每班清洗一次缓冲罐及进料管道，用 85 ℃以上热水→2%碱水洗→85 ℃以上热水冲洗至清洗水 pH 值。

每班停机时用热水清洗加酶罐及管道，每周碱洗一次。

6. 超滤

日常清洗程序：水冲洗→碱水洗→水冲洗→消毒水清洗→水冲洗→生产。

清洗工艺参数：冲洗温度 50 ℃～54 ℃；碱洗温度 50 ℃～54 ℃，pH 为 10～11，有效氯含量为 200 mg/L 以上，时间为 30 min 以上。

消毒水清洗：温度 50 ℃～54 ℃，有效氯含量为 200 mg/L 以上，时间为 40 min 以上，清洗结束用水冲洗至清洗水 pH 值。

清洗超滤的同时，拆下预过滤器，清洗预过滤器网及内壁。

超滤每天清洗一次，采用日常清洗程序，根据超滤渗透量、压力等参数变化情况，调整清洗程序。

超滤果汁罐每天用热水冲洗一次，每周用 2%碱液冲洗→水冲至清洗水 pH 值，超滤膜破损更换后，重新执行日常清洗程序，并冲洗管道。

7. 脱色

脱色树脂运行 20 h 或树脂处理后果汁色值不符合要求时采用碱液再生。

再生程序:第一次水冲→碱液再生→第二次水冲。

第一次水冲:用软水冲至颜色清亮为止。

碱液再生:氢氧化钠浓度 2%,循环运行 10 min,浸泡 50 min 后排空,最后用软水冲洗至软水 pH 值(5.0~6.0)。

第二次水冲:用软水冲洗 10 min,浸泡 30 min,再冲洗,再浸泡至软水 pH 值。

脱色缓冲罐每日用 85 ℃热水冲洗,每周用 2%碱水清洗→水冲至软水 pH 值。

碱液的配制: CIP 工序的碱罐中加满清水,再缓慢加入 40 kg 烧碱,搅拌均匀,加热至 70 ℃备用。

8. 浓缩工序

每日清洗一次,加碱量 10 kg(用水溶解后加入)温度 60 ℃~80 ℃,循环清洗 40 min,最后用水将碱液冲洗干净。

浓缩前清汁罐每天清洗一次,先用 2%的氢氧化钠溶液循环清洗 10 min,再用热水冲洗 10 min。

浓缩汁调配罐打完一罐料后立即清洗,先用热水冲洗 10 min,并将罐顶表面刷洗干净。

9. 无菌灌装

清洗程序:先用水冲洗 11 min 后自动排水,再用碱水 CIP 循环清洗 40 min,冲洗 11 min 后自动结束,进入灭菌程序。

无菌灌装每 10 天清洗一次。

无菌罐灌装完后立即用热水冲洗 10 min,每 10 天用 2%碱液循环冲洗 40 min,水冲至清洗水 pH 值。

无菌灌装清洗时,用 2%碱液冲洗无菌罐至无菌灌装之间的管道 10 min,然后用热水冲洗干净,并注意排空管道内的水。

10. 清洗剂和消毒剂

清洗用水为产品蒸发冷凝水或软化水。

化学清洗剂为浓度 2%~3%的氢氧化钠溶液及有效氯含量为 100 mg/L~200 mg/L 的次氯酸钠溶液(或二氧化氯)。

超滤系统的清洗剂按其要求执行。

11. 清洗的操作、监督、检查

清洗由各岗位操作工完成,带班班长巡回检查。

品控部质检员对车间设备的清洗情况、清洗过程、清洗浓度、及清洗结束后漂洗水进行监督检查,清洗后清洗剂残留的监测,由操作工送冲洗水样至化验室测余碱或有效氯含量,合格后停止冲洗。

操作工将清洗情况填写在各工序《岗位清洗记录》中,质检员对清洗过程监督检查后,填写《生产线清洗记录》。

12. 车间地面、地沟、墙面、窗户的清洗

窗户卫生按位置由就近工序的操作工负责,要求保持玻璃干净明亮,纱窗完好无灰尘,必要时用水冲洗。

操作工保持各自区域的地面、地沟的卫生清洁,做到无杂物、无积水、无滑感、无异味,必要时用水冲洗或拖把擦拭。

各工序操做工负责本区域墙面卫生的清洁，要求干净无脏痕、无霉点。

上述各条的卫生情况，由操作工填在本工序《岗位清洗记录》中。

生产车间每周大清洗时，安排专人对车间的地面、地沟、墙面进行消毒（用有效氯含量 100 mg/L 以上的次氯酸钠溶液喷洒），消毒后填写《每日卫生控制记录》。

第三节　人员健康和卫生

【标准条款】

> 5.3　人员健康和卫生
>
> 5.3.1　从事生产、检验和管理的人员以及其他与产品有接触的人员健康卫生应符合 GB 12695—2003 的 8.5 及 8.6 要求。

【理解与解释】

从事生产、检验和管理的人员以及其他与产品有接触的人员（如仓库管理人员、果品收购人员）的健康卫生会对产品安全造成影响，因此 GB 12695—2003《饮料企业良好生产规范》规定与产品有接触的人员健康卫生应满足下列要求。

1. 人员卫生

（1）生产人员必须保持良好的个人卫生，不得留长指甲，勤理发，勤洗澡，勤更衣。工作时，不得涂指甲油，不得佩戴饰物，不得将与生产无关的个人用品带入车间。

（2）进入车间前，必须穿戴整洁的工作服、工作帽、工作靴（鞋），工作服应遮住外衣，头发不外露，并洗手消毒。

（3）上岗后，若处理被污染的物品或从事与生产无关的活动，应重新洗手消毒，必要时更换工作服方能重新上岗，不得穿工作服、工作靴（鞋）进入卫生间或离开车间。

（4）严禁在车间内吸烟、吃食物及从事其他有碍食品卫生的活动。

（5）对进入车间（生产操作、管理、检查、参观等）的人员均须实施卫生检查并记录。

2. 健康管理

（1）凡与产品有接触的人员每年必须进行健康检查，新参加工作和临时参加工作的生产经营人员也应进行检查，取得健康证明后方可参加工作。患有痢疾、伤寒、病毒性肝炎等消化道传染病（包括病原携带者）、活动性肺结核、化脓性或者渗出性皮肤病以及其他有碍食品卫生的疾病的人员，不得从事生产工作。

（2）卫生管理人员要密切注意生产经营人员的健康状况，上班前应对皮肤裸露部分进行检查，对有身体不适及疑似传染病的生产经营人员应及时进行询问和检查，对“五病”患者应及时通知卫生监督机构复查，证实后应及时调离生产岗位。

（3）检瓶人员的视力，两眼必须在 5.0 以上（含矫正），并不得有色盲。

（4）工厂应设立生产经营人员个人健康档案。

企业的生产管理人员均应体检合格，对体检不合格的人员处理应做好记录，对体检合格的人员应建立健康档案。对进入车间（生产操作、管理、检查、参观等）的人员均须实施卫生检查并记录。

【标准条款】

5.3.2 不同卫生要求的区域或岗位的人员应有明显的标志予以区别，不同加工区域的人员不得串岗。

【理解与解释】

不同卫生要求区域（清洁区与非清洁区等）或岗位（操作与质检等）的人员应穿着不同颜色的工作服或戴不同标志，以防串岗而导致交叉污染。

第五章　关键过程控制

第一节　原辅料的验收和储存

【标准条款】

> **6　关键过程控制**
>
> **6.1　原辅料验收和储存**
>
> 6.1.1　生产企业应建立原辅料的验收准则，并通知供方。原辅料应符合 GB 12695—2003 的 9.2 和 GB/T 10791 的要求，原辅料中的农、兽药等有害物质的残留应符合相关规定。原辅料经过验收合格后方可使用。

【理解与解释】

1. 原辅料验收准则的制定及其实施

(1) 企业应制定其体系范围所涵盖的原辅料接收准则，该接收准则应考虑合约要求、出口国的法规要求、国家标准、行业标准、地方标准等。

(2) 企业的原辅料技术标准采用企业标准或合约形式时，不得与国家强制性标准的要求或出口国要求相抵触，应能提供备案证明，如备案通知书等，应是有效的版本。

(3) 原辅料是由供应商生产的，为了使所采购的原辅料符合要求，必要时应帮助供应商建立本企业的原辅料验收准则，并作为采购合同的一部分以书面的方式通知供方。

(4) 依据产品接收准则要求(或放行准则要求)，企业需要确认原料基地管理规则、原辅料验收和放行规则。

(5) 对于出口的企业，其所使用的原料中的农、兽药残留应符合国家以及进口国的法规要求。

(6) 合格的原辅料是保证最终产品合格的基础，企业要确保生产投入的原辅料合格，所有的原辅料进厂时必须严格按照验收准则进行验收，合格后方可使用。

2. 验收时的控制

(1) 对水果和蔬菜上的耐酸耐热菌的控制

水果和蔬菜均为农产品，难免会携带有泥土，在收购时应严格控制，尽量减少泥土的量。泥土中含有大量的微生物，特别是耐酸耐热菌。虽然到目前为止，还没有耐酸耐热菌对人体具有致病作用的报导，但是，果汁中的耐酸耐热菌会在货架期生长繁殖，产生具有药品味的愈创木酚，影响果汁的风味；同时，还会引起果汁变浑浊。根据研究，树叶和土壤中还含有耐高渗透压酵母，可以随着水果进入到生产线。如果这类微生物含量高时，清洗不彻底，进入到果汁中，会引起生产线果汁的发酵，也会引起货架期果汁的发酵，发生涨罐或涨袋，影响产品饮用。

① 水果上的耐酸耐热菌的控制点

应告知水果种植者或果农耐酸耐热菌的存在和耐酸耐热菌可能引起的潜在的各种问题，应尽量减少水果与土壤的直接接触。水果的包装条件、中间的贮存和运输条件都应该文件化以确保没有增加耐酸耐热菌污染的风险。

② 水果的接收和处理

在卸车前对水果进行检查，如果水果损坏、腐烂、发霉并有异物，则拒收该车水果。如果水果很脏，同样要拒收。因为这样的水果会增加后道工序的清洗难度，同时，也增加了生产线污染耐酸耐热菌的风险。

③ 对于采摘后要求有特殊成熟过程的水果（如芒果、番木瓜、香蕉），其贮存设施、贮存条件和贮存方法应能够防止污染耐酸耐热菌并且阻止微生物的繁殖。

(2) 水果和蔬菜中的真菌毒素的产生与控制

对于苹果和山楂来说，这两种水果在生长的过程中，容易发生霉心病，而霉心病的产生是由于青霉菌引起的苹果心的腐烂。在青霉菌的代谢过程中，产生了对人体有害的真菌毒素——棒曲霉素（展青霉素）。

真菌毒素的控制措施：企业收购的原料应新鲜、无霉烂变质现象。

3. 采购计划和生产计划的制定

(1) 水果、蔬菜和浓缩汁都有保质期，在采购时应按照生产能力和生产计划制定采购计划，避免造成积压。在夏季加工苹果时，苹果在果槽中存放，在强烈的太阳光照下，苹果堆内部的温度会很快上升，加速了苹果的腐烂。因此要规定苹果在果槽中的停留时间，一般情况下，不得超过24 h。同样，在收购苹果时，采购部应和果农密切沟通，签订详细的合同，对每一个果农规定其每天的交售量，定量定时交售，防止运输苹果车辆在企业门口排队等候交售，以减少苹果原料腐烂的风险。

(2) 以浓缩果汁作为原料的饮料企业，在采购浓缩果汁时，要充分考虑生产用量，防止大量库存积压，避免超过保质期给企业造成经济损失。

4. 对原辅料中的过敏原的控制

(1) 应制定原辅料中过敏原的控制措施。

(2) 应根据本企业产品的特点，对过敏原进行识别，包括地方法律法规要求控制的过敏原。

(3) 应制定防止个人带入过敏原的控制措施。

5. 对原辅料中的转基因生物(GMO)的控制

(1) 应制定原辅料中的GMO的控制措施。

(2) 在验收原辅料时，必须检查GMO的证明。

(3) 所采购的原辅料，其GMO必须符合当地的法规或进口国的法规要求。

6. 对原辅料中的辐照物残留的控制

(1) 应制定原辅料中辐照物残留的控制措施，保证所采购的原辅料符合《辐照食品卫生暂行规定》的要求。

(2) 经过了辐照处理的原辅料验收时，应提供辐照剂量证明，必要时还应提供辐照物残留合格证明。

【实例】

实例1　××果汁加工厂浓缩苹果清汁加工用苹果的验收准则

1. 农药使用情况的管理

(1) 农药使用情况调查

采收之前对拟采收区域的果园进行农药使用情况调查，确定加工用苹果可能残留的农药。

(2) 农药残留抽查

对拟采收的区域，在采摘前农药安全隔离期之后，以区域或面积为单位按比例进行抽样，根据农药使用情况调查的农药名单进行农药残留检测，确定合格果区。

2. 品质要求

成熟，洁净，无落地果，腐烂率小于5%。

3. 卫生要求

(1) 农药残留

农药残留限量应符合GB 2763—2005《食品中农药最大残留限量》的规定。

(2) 卫生指标

卫生指标应符合GB 2761—2005《食品中真菌毒素限量》和GB 2762—2005《食品中污染物限量》的规定。

4. 检验规则

(1) 检验项目及频次

① 合格果区的验证

对每车加工用苹果验证是否来自合格果区。

② 感官检验

对每车加工用苹果按照品质要求进行感官检验。

③ 农药残留检验

对来自合格果区的加工用苹果按照GB 2763规定的农药残留项目，每月抽样检验一次。

④ 重金属的检验

对来自合格果区的加工用苹果按照GB 2762规定的项目，每榨季抽样检验一次。

⑤ 棒曲霉素(展青霉素)的检验

对来自合格果区的加工用苹果按照GB 14974的规定，每月抽样检验一次。

(2) 抽样方法

① 抽样方法采用随机抽样，抽取的样品应具有代表性。

② 抽样数量：感官检验按照每车30 t以内抽取2件，30 t以上抽取3件加工用苹果进行抽样检验，检验结果，适用于整个抽验批。农药残留、重金属、棒曲霉素(展青霉素)的检验选用抽样当天送果车辆总数的5%进行抽样，每车随机抽取两件包装，每件包装随机抽取1 kg加工用苹果进行混合检验。

5. 包装与运输

(1) 包装

应使用洁净、专用的食品级材料进行包装。

收购和贮存过程中应保持加工用苹果不直接着地。

(2) 运输

运输车辆应洁净卫生,不得与有毒、有害、有异味的物质混运。

必要时加工用苹果应提供植物检疫证书。

实例2 ×× 果汁加工厂浓缩苹果清汁加工用果浆酶的标准

1. 外观

本品为棕褐色液体,允许微混或有少量凝聚物。

外包装应干净、无脏物、标识清晰,包装完好、无破损及渗漏现象。

2. 理化和卫生指标应符合表5-1的规定。

表5-1 理化和卫生指标

项　目		指　标
菌落总数/(CFU/mL)	⩽	1 000
大肠菌群/(MPN/100 mL)	⩽	30
沙门氏菌		不得检出
志贺氏菌		不得检出
金黄色葡萄球菌		不得检出
霉菌/(CFU/mL)	⩽	50
酵母菌/(CFU/mL)	⩽	50
砷(以 As 计)/(mg/L)	⩽	0.1
铅(以 Pb 计)/(mg/L)	⩽	0.2
铜(以 Cu 计)/(mg/L)	⩽	5.0

3. 具有 KOSHER(犹太认证)证书。

4. 非转基因(IP)产品。

【标准条款】

6.1.2 生产企业所用的浓缩果蔬汁(浆)应符合 GB 17325 及相关要求。

【理解与解释】

生产企业所用的浓缩果蔬汁(浆)在 GB 17325—2005《食品工业用浓缩果蔬汁(浆)卫生标准》作了相应的规定,有关要求如下:

1. 原料要求

应符合相应的标准和有关规定,即浓缩果蔬汁(浆)的原料应成熟、干净、无泥土和杂物,农残符合相应国家的法规要求。

2. 感官指标

无异味、无杂质。浓缩果蔬汁(浆)不得有发酵味、焦糊味、泥土味等异味,无可见的杂质。

3. 理化指标

理化指标应符合表5-2的规定。

表 5-2　理化指标

项　　目		指　　标
砷(以 As 计)/(mg/kg)	≤	0.1
铅(以 Pb 计)/(mg/kg)	≤	0.2
铜(以 Cu 计)/(mg/kg)	≤	5.0
棒曲霉素(展青霉素)		按 GB 2761 执行

重金属和棒曲霉素(展青霉素)除了符合上述要求以外，还应符合进口国的法规要求以及合同的要求。

4. 微生物指标

微生物指标应符合表 5-3 的规定。

表 5-3　微生物指标

项　　目		指　　标
菌落总数/(CFU/mL)	≤	1 000
大肠菌群/(MPN/100 mL)	≤	30
霉菌/(CFU/mL)	≤	20
酵母菌/(CFU/mL)	≤	20
致病菌(沙门氏菌、志贺氏菌、金黄色葡萄球菌)		不得检出

微生物除了符合上述要求以外，还应符合合同以及进口国的法规要求。

微生物不得对人造成危害，同时微生物不得对果蔬汁(浆)品质造成影响，不得使产品发酵，产生异味和沉淀等。

5. 食品添加剂

(1) 食品添加剂质量符合相应的标准和有关规定。

(2) 食品添加剂品种及其使用量应符合 GB 2760 的规定。

食品添加剂的理解见本章第三节配料。

6. 生产加工过程

生产加工过程应符合 GB 12695—2003《饮料企业良好生产规范》的规定。

7. 包装

应包装在密闭的容器中，包装容器和材料应符合相应的卫生标准和有关规定。

包装的理解见本书第五节包装(灌装)。

【实例】

××果汁加工厂浓缩苹果清汁质量控制标准

1. 原料及生产过程要求

浓缩苹果清汁应以新鲜、成熟适度的苹果为原料，经清洗、拣选、破碎、压榨、澄清、超滤、浓缩、杀菌、灌装制成。整个生产过程严格遵循卫生规范要求，不允许加入白砂糖、葡萄糖、柠檬酸、苹果酸等添加物。

2. 感官要求

感官要求见表 5-4。

表 5-4 浓缩苹果清汁感官要求

项　目	指　标
色泽	呈棕黄色或棕红色，久置后稍许变深
香气及滋味	将浓缩汁稀释至可溶性固形物为 11.5 Brix，该果汁应具有新鲜苹果固有的滋味与香气，无异味
外观形态	呈透明状，无沉淀物，悬浮物
杂质	不允许有肉眼可见的杂质

3. 理化指标和卫生指标

理化指标和卫生指标见表 5-5。

表 5-5 浓缩苹果清汁理化指标和卫生指标

项　目		指　标
可溶性固形物(20 ℃折光计法)/%		70.0～70.5
可滴定酸(以苹果酸计)/%	≥	0.8
透光率(625 nm)/%	≥	97.0
色值(440 nm)/%	≥	45.0
吸光度(420 nm)	≤	0.300
浊度/NTU	≤	5.00
热稳定性		稳定
果胶		阴性
淀粉		阴性
乙醇/(g/kg)	≤	3.0
总砷(以 As 计)/(mg/kg)	≤	0.1
铅(以 Pb 计)/(mg/kg)	≤	0.05
铜(以 Cu 计)/(mg/kg)	≤	5.0
锡及其化合物(以 Sn 计)/(mg/kg)	≤	1.0
铁及其化合物(以 Fe 计)/(mg/kg)	≤	5.0
锌及其化合物(以 Zn 计)/(mg/kg)	≤	5.0
总汞(以 Hg 计)/(mg/kg)	≤	0.01
镉(以 Cd 计)/(mg/kg)	≤	0.05
硝酸盐/(mg/kg)	≤	4.0
钠/(mg/kg)	≤	30
棒曲霉素(展青霉素)/(μg/kg)	≤	50.0
富马酸/(mg/kg)	≤	5
乳酸/(mg/kg)	≤	500
菌落总数/(CFU/mL)	≤	100
大肠菌群/(MPN/100 mL)	≤	3

表 5-5（续）

项　　目		指　　标
致病菌		不得检出
酵母菌/(CFU/mL)	<	10
嗜高渗酵母菌/(CFU/mL)		不得检出
霉菌/(CFU/mL)	<	10
抗热霉菌/(CFU/mL)		不得检出
霍华德霉菌/(CFU/mL)		不得检出
耐酸耐热菌(41 ℃菌)/(CFU/50 mL)	<	1
耐酸耐热菌(45 ℃菌)/(CFU/50 mL)	<	1
厌氧菌/(CFU/mL)	<	1
注：除可溶性固形物、可滴定酸、细菌总数、大肠菌群、致病菌、霉菌、酵母菌、嗜高渗酵母菌、抗热霉菌、霍华德霉菌、耐酸耐热菌、厌氧菌外，其余均指 11.5 Brix 条件下的结果。		

4. 农残控制要求

国家明令禁止的农药不得使用，列入不得在蔬菜、果树、茶叶、中草药上使用的高毒农药清单中的农药以及日本肯定列表制度、欧盟和美国的相关农残法规禁止的农药不得使用。

5. 包装要求

内包装和外包装应洁净、无异物、无霉斑；铁桶的桶体、桶盖外表面应平整、无严重掉漆、无破损、无严重锈迹、无严重碰痕、无污物；桶圈、密封圈、销子齐全；木箱表面干净卫生、钢带端正、无锈迹；标签字迹清晰、内容正确、位置端正；集装箱洁净卫生，无异味；产品包装铅封完整，铅封方式符合要求。

第二节　原料果蔬的拣选

【标准条款】

> 6.2　原料果蔬的拣选
>
> 在原料果、蔬破（粉）碎前应通过有效的拣选，剔除霉烂变质、受损和不适于加工的部分，应使真菌毒素水平控制符合 GB 2761 的要求。

【理解与解释】

1. 拣选

(1) 在拣选之前，对原料果蔬进行清洗，除去果蔬上的泥土、腐烂部分以及虫子等。

(2) 拣选是将腐烂、变质、受损、受虫害部分、果蔬上的虫子、破碎的、未成熟的果蔬以及混在果蔬中的异物剔除的过程，一般在拣选输送带上手工进行。对浆果类水果应增设磁选装置以除去带铁的杂物，以免损坏破碎机。

(3) 通过上述拣选，也可起到降低果蔬中的真菌毒素水平的作用。真菌毒素是指某些真菌在生长繁殖过程中产生的次生有毒代谢产物（根据 GB 2761—2005《食品中真菌毒素限量》），一般易

产生于腐烂的、受损的果蔬中。

(4) 限量是指真菌毒素在食品中的允许最大浓度应符合 GB 2761 的要求。

2. 拣选工艺

企业应制定拣选工位的拣选工艺，具体要求如下：

(1) 制定拣选工艺的人员必须经过培训，具有相应的技术知识，熟悉所加工果蔬的特性。

(2) 根据原料的不同，制定不同的拣选工艺，并对员工进行培训。

(3) 拣选设备应满足生产的需要，其大小、高度要便于员工的拣选。

(4) 拣选区应有足够的照明，以照度不低于 540 lx 为易，确保易于识别需检出的果蔬。

(5) 连续输送的果蔬，应控制好走带的速度和进料量，确保果蔬在拣选台上呈单层摆放，保证员工有足够的拣选时间。

(6) 在果蔬存在较高质量风险时，应增加拣选的人数。

(7) 规定拣选的监控人员、监控频次、监控方法，同时应制定出监控结果不符合要求时的纠正措施。

(8) 对现有的拣选工艺进行验证，规定验证人员和验证频次。

(9) 对于山楂和苹果，其中易含有棒曲霉素(展青霉素)，应规定拣选以后的烂果率，同时应规定验证频次以及验证方法和验证人员。

【实例】

×× 果汁加工厂浓缩苹果清汁加工中拣选工艺要求

1. 控制参数

拣选后的烂果率应控制在 1%以下(烂果率的统计方法：随机从拣选后破碎前的苹果中抽取至少 5 kg 苹果，将苹果十字切开，切下腐烂部分，称量，腐烂部分的重量与所抽取苹果样品的总重之比即为烂果率)。

2. 监控及其频率

拣选操作工每两小时统计一次拣选后苹果的烂果率。

3. 纠正预防措施

(1) 统计拣选后烂果率大于 1%时，降低进料量，同时增加拣选人员，直至再次统计烂果率小于 1%为止。

(2) 扣留自上次统计烂果率小于 1%至烂果率大于 1%这段时间生产的产品，由品控部检测产品棒曲霉素(展青霉素)的含量。产品中棒曲霉素(展青霉素)的控制标准为：浊汁罐浊汁≤50 μg/kg，清汁罐清汁≤50 μg/kg，浓缩汁≤50 μg/kg，以上检测结果均为换算到 11.5 Brix 的结果，如超出控制标准，则执行《不合格品控制程序》的相关要求。

4. 监控以及纠正措施的责任

(1) 由经培训合格的拣选操作工执行监控。

(2) 带班主任、品控员监督监控情况。

第三节 配　料

【标准条款】

6.3 配料
6.3.1 食品添加剂、加工助剂、营养强化剂等的使用应符合 GB 2760 和 GB 14880 的规定。
6.3.2 投料前应对各种配料的质量和用量进行核查，并做好记录。

【理解与解释】

1. 食品添加剂、加工助剂、营养强化剂等的使用要求

(1) 食品添加剂是为改善食品的色、香、味、形、营养价值，以及为保存和加工工艺的需要，而加入食品中的化学合成或天然物质。食品添加剂也是配料的一种，只是所占的比例一般都很小。食品添加剂虽然不是食品的主要组分，但最终还是要进入产品，并被消费者食用，因此，对食品添加剂的使用，要严格控制。所使用的食品添加剂必须是食品级，必须有食品级证明，采购前应审核供应商的资质。

(2) 加工助剂是指本身不作为食品配料使用，仅在加工、配制和处理过程中，为实现某一工艺目的而使用的物质或物料(不包括设备和器皿)。加工助剂与添加剂不同，使用助剂的目的并不是产品本身成分的需要，而是工艺过程的需要，如催化剂就属于助剂。从理论上说，助剂应该在使用结束后全部脱离终产品，不应该在终产品中存在。例如，加工浓缩苹果清汁时，加入活性炭吸附果汁的颜色，然后，将活性炭从果汁中过滤掉，活性炭最终不成为果汁的一部分，但实际上，很难保证没有助剂的残留或衍生物进入产品。因此，对加工助剂的使用也应严格控制。所使用的助剂必须是食品级，应有食品级证明，采购前应审核供应商的资质。

(3) 食品营养强化剂指为增强营养成分而加入食品中的天然的或者人工合成的属于天然营养素范围的食品添加剂。所使用的营养强化剂必须是食品级，必须有食品级证明。采购前应审核供应商的资质。

(4) 配料指在食品加工过程中使用的，并存在(包括以改性的形式存在)于产品中的任何物质，包括食品添加剂。

(5) 食品添加剂的引入原则，由于各国技术水平以及居民生活消费习惯的不同，对于食品中食品添加剂的使用规定也存在较大差异，因此出口食品尤其要注意进口国对于食品添加剂的具体规定。

(6) 食品添加剂、加工助剂、营养强化剂的使用范围和添加量应符合 GB 2760《食品添加剂使用卫生标准》和 GB 14880《食品营养强化剂使用卫生标准》的要求；对于出口企业，其食品添加剂的用量和使用范围同时要符合进口国的法律法规要求。

例如，对于浓缩苹果清汁，日本的要求为苯甲酸的含量为未检出。对于浓缩胡萝卜浊汁，最近流行的是没有任何添加剂的胡萝卜汁，即纯天然的胡萝卜汁，这就对加工提出了更高的要求，在不加维生素 C 护色的情况下，还能够生产出颜色满足客户的要求的浓缩胡萝卜浊汁。

对于生产浓缩清汁的企业所使用的酶制剂，应是食品级，其重金属含量符合卫生要求。有的淀粉酶含有防腐剂——苯甲酸钠，在为日本企业加工浓缩清汁时，在制定酶制剂的标准过程中，要考虑苯甲酸钠的问题。根据客户的不同，所使用的酶制剂的要求也不同。

(7) 所使用的食品添加剂、加工助剂、营养强化剂必须在保质期之内。

2. 配料工艺文件的制定，明确在使用过程中对配料的质和量进行核查

应制定果汁和蔬菜汁调配的工艺文件，确保调配符合要求，具体要求如下：

(1) 配料应按制造或加工果汁和蔬菜汁时加入量的递减顺序排列；加入量不超过 2% 的配料可以不按递减顺序排列。

(2) 规定调配人员。

(3) 明确配料加入顺序和工艺要求，包括每种配料的加入量，加入后的搅拌时间，加入时的温度要求。

(4) 明确配料前的审核。包括按照下达的调配工艺单或配方对所用配料的生产厂家、名称、生产日期、保质期、是否是食品级、滋气味、完好性、是否有受潮、霉变的情况等进行一一对照审核。如果符合，继续调配；如果不符合，做好记录，并采取纠正措施。

(5) 称量的人称好后做好标识，标识的内容包括品名、数量、称量时间和称量人。由品控人员复核，复核合格后由配料员进行投放。投放过程要三准，第一称量准确，第二定容准确，第三投放顺序准确。

(6) 对配料过程进行状态标识。

(7) 投完料的包装由品控人员进行复查，确保所投物料的量和品种准确。

3. 调配过程的记录要求

对所使用的配料的名称、产品代号、批次号、使用人、生产厂家、每次使用量、使用日期、使用工序、配料的食品级别等做出详细记录。

【实例】

实例 1　芦荟饮料生产配料的操作规程

1. 溶糖

用过滤芦荟汁将称量好的白砂糖加热溶解，保持温度在 85 ℃～90 ℃ 30 min。冷却至 60 ℃左右时，用 500 目过滤布进行过滤。

2. 配料（以 1 000 L 为一配料单位的原味芦荟汁饮料）

(1) 称量 700 kg 过滤芦荟汁，泵入配料罐，然后将溶解过滤后的白砂糖溶液泵入配料罐。

(2) 小料溶解

① 黄原胶：在 300 L 剪切罐中预先加入 200 kg 的过滤芦荟汁，将称量好的黄原胶缓慢倒入剪切罐中。搅拌 15 min 左右后，打开剪切罐的蒸汽阀门，将温度升至 80 ℃～85 ℃，保持搅拌至少 15 min待黄原胶完全溶解后泵入配料罐。

② 将 10 kg 过滤芦荟汁用称量好的磷酸在不锈钢桶中搅拌均匀后，泵入配料罐。

③ 定容：需补加的过滤芦荟汁的质量 $m=1\,000-700-200-10-$白砂糖溶液的质量，搅拌 30 min后检测 pH 和糖度合格，经超高温瞬时杀菌后灌装。

3. 成品质量要求

pH：3.80±0.05。糖度：2.0%±0.5%。

实例 2　××果汁加工厂配料工序作业规范

1. 配料作业流程见表 5-6。

表 5-6　配料作业流程表

部门名称	生产车间	流程名称	配料管理流程	
层次	3	概要	称量、配料的管理流程	
部门	班长	配料工段	品控部	原料库
节点	A	B	C	D
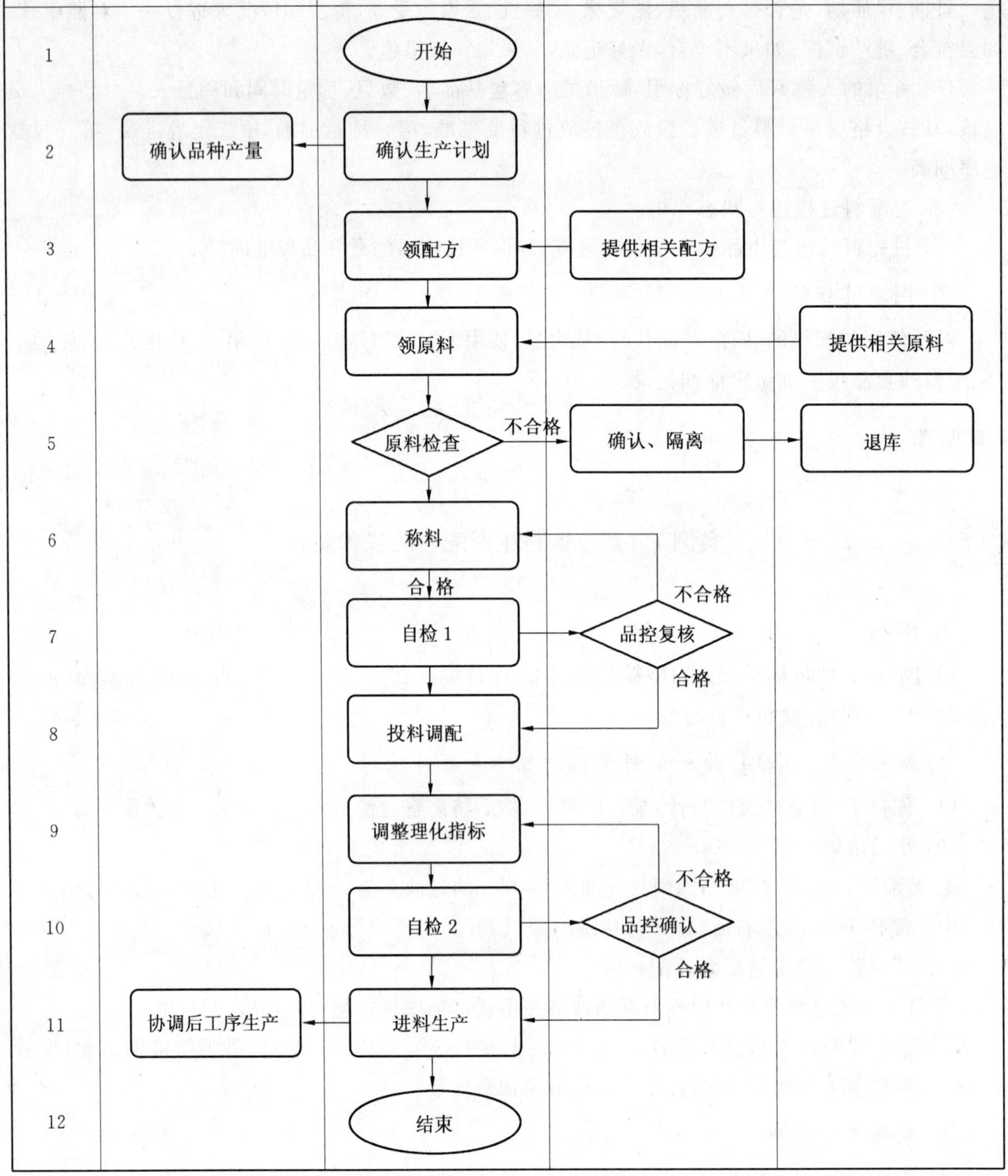 1		开始		
2	确认品种产量	确认生产计划		
3		领配方	提供相关配方	
4		领原料		提供相关原料
5		原料检查	不合格 确认、隔离	退库
6		称料		
7		合格 自检 1	不合格 品控复核 合格	
8		投料调配		
9		调整理化指标		
10		自检 2	不合格 品控确认 合格	
11	协调后工序生产	进料生产		
12		结束		

2. 配料作业标准见表 5-7。

表 5-7　配料作业标准

任务名称	节点	任务程序、重点及标准	时　限	相关资料
确认生产计划	B2	1. 计划专员根据销售计划及库存合理制定生产计划 2. 生产班长到生产计划专员处领取《生产计划单》		《生产计划单》
领配方	B3	1. 根据生产计划领取相应的《配方表》 2. 配方存放需加锁	开机 24 h 前领取。生产结束 2 h 内归还	《生产计划管理制度》、《配方管理制度》、《配方领用登记表》
领原料	B4	生产班长根据生产计划单及配方表，计算批次原料用量，填写《物料领用单》，签批后领取		《物料应用单》、《原辅料贮存标准》
原料检查	B5	原料检查“把五关”： 1. 计算准确 **注意：填单计量单位间注意换算** 2. 质量可靠：核验品名、保质期、规格、感官质量、标签、数量，查验外包装无破损、无污染 **注意：保质期及大包装拆出小包装应检查标识及规格** 3. 运输安全：防止倒塌、跌落 4. 定置摆放：放置指定区域及货架 5. 标识正确	浓缩汁、原浆开机前 24 h～48 h 领取，辅料开机前 24 h 领取	《原辅料品质规格单》、《5S 推行手册》、《标识卡》
称料	B6	严格按照称料步骤称量： 1. 称量前校准：天平、磅秤、量筒等 2. 称量计算：依配方及定容，以一罐量为计算单位称量 3. 称装、封口、摆放：每称量一个品种，装入专用包装袋(瓶)内，封口或旋盖，标明品名、数量。置于周转箱内，标识生产线名称、生产班次、生产品种、称量人、称量日期，放入专门货架 4. 称量结束：清洁卫生，用具归位 **注意：生产计划改变、停电停水、设备故障等不能按计划生产时，整箱整袋退库。拆分密封小料，超过 72 h 应退原料库暂存，再次使用时应重新检验。**	投料前 4 h	《计量仪器管理制度》、《计量仪器校准规程》、《称量标准作业规范》、《5S 推行手册》、《小料耗料单》、《配料工序操作记录》
自检 1	B7	称量结束，称量人员进行自检，确认无误后，和 QC 人员联系复核		
复核	C7	QC 人员进行复核，合格后确认签字，小料予以投入使用		

表 5-7（续）

任务名称	节点	任务程序、重点及标准	时　限	相关资料
投料调配	B8	1. 清点、交接：称量员与配料员进行品种、数量交接 2. 三准：计算准确、定容准确、投放顺序准确 3. 空包装物回收清点确认 **注意：投料后空包装物回收至原周转箱，品控员清点，防止漏投** 4. 按《配料工序标准作业规范》作业 5. 状态标识：调配好（绿色）、调配中（黄色）、不合格（红色） **注意：储料罐存储夏秋季时间＜4 h，冬春季＜8 h**	进料前 1 h	《配料工序标准作业规范》、《小料交接记录表》、《配料工序操作记录》
调整理化指标	B9	投料结束，进行预定容，根据预定容产品的理化指标，进行调整，直至符合配方要求		《配料工序标准作业规范》、《标识卡》
自检 2	B10	1. 检测：折光、酸度及感官要求 2. 纠偏：与配方要求出现差异，进行调整	调配后	《糖酸调整作业规范》、《配料登记表》
品控确认	C10	1. 检测：折光、酸度及感官要求 2. 纠偏：与配方要求出现差异，进行调整 **注意：每罐留样与同其他罐留样进行比对**	进料生产前	《糖酸调整作业规范》、《配料操作记录》
进料生产	B11	1. 按《配料工序标准作业规范》作业 2. 沟通：与下工序做好沟通 3. 转换相应管道	进料生产前	《配料工序标准作业规范》

3. 配料作业关键点控制见表 5-8。

表 5-8　配料作业关键点控制

关键控制点	控制限值	控制频率	控制手段	纠正措施
原辅料检查	感官（色泽、气味、状态）	随时	目测、品尝	报废、调整配方用量
净化水的硬度	≤80 mg/L，以 $CaCO_3$ 计	每班一次	滴定	检查水处理设备
净化水的感官	澄清透明，无杂质	随时	目测	检查处理设备
折光	见配方或成品品质规格单	每罐一次	折光计法	调整，合格后方可供料
总酸	见配方或成品品质规格单	每罐一次	滴定	调整，合格后方可供料
感官指标	各品种应有的色泽、滋气味、状态	每罐一次	目测、品尝	查明原因，调整，合格后方可供料
调配量	≤20 t	每罐一次	调配显示屏	无
物料温度	≤25 ℃	每罐一次	温度计	迅速生产或用冷却水降温
化糖罐的过滤网	内 120 目～200 目，外 80 目	每罐一次	目测	更换过滤网
果汁罐的过滤网	内 120 目，外 120 目	每罐一次	目测	更换过滤网
辅料罐的过滤网	内 120 目，外 81 目	每罐一次	目测	更换过滤网
出料口的过滤网	内 120 目，外 80 目～120 目	每罐一次	目测	更换过滤网，并追溯产品

第四节 杀 菌

【标准条款】

> 6.4 杀菌
>
> 对需杀菌处理的产品应制定和实施杀菌工艺规程，其效果应达到病原体 5-log 减少的要求，并保持记录。

【理解与解释】

1. 杀菌原理

(1) 饮料杀菌是一个非常关键的步骤，果汁及蔬菜汁类产品的杀菌方法主要有热杀菌法和非热杀菌法。

热杀菌可分为巴氏杀菌、高温短时杀菌和超高温瞬时杀菌三种。

非热杀菌法主要包括物理杀菌和化学杀菌。物理杀菌主要是指：辐照杀菌、高压脉冲电场杀菌、超高压杀菌、微波杀菌和超声波杀菌等。化学杀菌主要是指在加工中通过添加抑菌剂和防腐剂。以上杀菌方法都有一定的局限性，目前果汁及蔬菜汁类产品较少采用非热杀菌方法。

(2) 果汁及蔬菜汁类产品中病原体的控制必须达到 5-log 减少的要求。5-log 病原体减少是为了确保果汁及蔬菜汁类产品的安全而至少要达到的杀菌要求，而与所采用的杀菌方法无关。

① 通常情况下，病原体 5-log 减少是指自水果或蔬菜榨汁完毕计，通过杀菌措施，使成品的病原体最终达到 5-log 减少的要求，但柑橘汁的加工例外。柑橘汁的病原体 5-log 减少可以自拣选和清洗完毕计，通过对柑橘表面实施一系列杀菌处理措施，而累积达到 5-log 减少的要求。这种生产加工方法对柑橘原料质量要求较一般果汁原料高，必须是树上采摘的未受损果。

例如：

苹果汁生产

苹果→清洗→榨汁→苹果汁→杀菌→成品苹果汁

病原体 5-log 减少

柑橘汁生产

柑橘→清洗→消毒剂消毒→榨汁→柑橘汁→杀菌→成品柑橘汁

病原体 5-log 减少

② 必须在同一加工设施内对果汁进行杀菌达到 5-log 减少的要求，且在同一设施内完成最终产品的包装。

例如：

A 工厂：苹果加工制成大桶装浓缩苹果汁，作为 B 工厂加工果汁的原料。

B 工厂：利用 A 工厂的大桶装浓缩苹果汁生产苹果汁。

A 工厂：苹果加工制成大桶装浓缩苹果汁时，必须进行杀菌达到 5-log 减少的要求，且杀菌和成品包装在同一车间进行。

B 工厂：利用 A 工厂的大桶装浓缩苹果汁生产苹果汁时，仍然必须进行杀菌达到 5-log 减少的要求，且杀菌和成品包装在同一车间进行。

(3) 杀菌效果的验证

① 下列产品可以免除5-log减少杀菌效果的验证，企业仅需提供热杀菌的作业文件(含工艺参数等)即可。

——采用单一热杀菌的、满足货架稳定的果蔬汁；

——对所有配料进行热力杀菌的浓缩果蔬汁；

——酸化果蔬汁；

——低酸罐装果蔬汁。

② 采用其他杀菌方法(如非热杀菌法)的果蔬汁则必须对其杀菌效果是否达到5-log减少进行验证。

2. 杀菌工艺规程的制定

企业应对需要杀菌处理的产品制定杀菌工艺规程，制定杀菌工艺规程要求如下：

(1) 制定规程人员应经过培训，并且是有经验的人员。

(2) 了解需要杀菌产品的特性，特别是产品的pH值以及产品中所携带的微生物的特性以及所使用的设备。

(3) 杀菌工艺的内容应包括所使用的设备，温度指示仪在保温管出口处指示的果蔬汁的温度，温度记录仪在加热器最终出口处指示的果蔬汁的温度，如使用产品间换热器时压差记录控制仪指示的压差，计量泵或用装罐和封罐速率确定的产品流速或杀菌介质流动速度。

(4) 杀菌工艺规程中应包括杀菌工艺执行过程的监控人员和监控频率。

(5) 杀菌过程中使用的温度传感器应进行校准，应规定校准方法、校准频次以及校准人员。

(6) 规定杀菌工艺执行过程中取样和检验的频次以及检验的项目以对杀菌工艺进行定期验证。

(7) 杀菌工艺规程执行过程中产生不合格品的处置办法。发生不合格品时，将不合格品隔离，做好标识，同时由食品安全小组对杀菌工艺执行过程进行评估，分析不合格产生的原因，根据分析结果，确定对不合格品的处置办法，包括重新杀菌或将不合格品销毁。

【实例】

××果汁加工企业浓缩苹果清汁杀菌工艺要求

1. 杀菌方式：瞬时高温蒸汽杀菌。

2. 杀菌设备：管式杀菌机。

3. 杀菌温度：92 ℃～100 ℃，该杀菌温度指保温管末端的温度，即保温管出口的温度。

4. 杀菌时间：30 s～60 s，通过控制流量来控制温度，每年对杀菌时间进行一次验证。

5. 杀菌温度用温度传感器的校准：每年由具备资质的机构校准一次，每两个月用经校准的标准温度计进行一次比对。

6. 杀菌温度的监控

(1) 连续温度记录仪保证开启状态。

(2) 灌装操作工每两小时记录一次杀菌温度及果汁的流速。

(3) 每日生产时,生产部长、带班主任、品控主管对自动记录仪的温度进行不定时巡查。巴氏杀菌机停机后,对自动记录仪记录的温度由品控主管进行复核。

7. 纠正预防措施

(1) 设定杀菌温度为 95 ℃,如果产品的温度低于设定限值,系统将自动回流,保证杀菌温度≥92 ℃。

(2) 检查杀菌温度低于 92 ℃,应对期间生产的产品扣留,按照《不合格品控制程序》要求执行。

8. 监控以及纠正措施的责任

(1) 由经过培训合格的操作工实施监控。

(2) 由生产部长、带班主任、品控主管负责监督监控执行情况。

(3) 总工办、品控部、生产部负责执行纠正措施。

第五节　包装(灌装)

【标准条款】

> 6.5　包装(灌装)
>
> 6.5.1　包装(灌装)用的内包装材料应符合相应质量卫生标准的规定。

【理解与解释】

1. 包装材料的种类与选择

(1) 包装材料的种类

目前的包装材料种类有玻璃瓶包装、金属罐(桶)包装、塑料包装(PET 瓶、PP 瓶、无菌袋、复合软包装容器等)、纸制品包装(无菌纸盒等)。

(2) 包装材料的选择

由于包装材料的种类比较多,各类包装材料都应符合其相应的质量卫生标准的要求。企业应根据其产品的特点以及所使用包装材料的标准制定包装材料的质量卫生控制措施。

2. 包装材料的卫生控制

食品包装材料应清洁、卫生,且不得含有有害物质,包装方式应能有效防止二次污染。不洁净的包装物会将微生物带入到最终产品中,这些微生物在条件适宜时大量繁殖引起最终产品发酵变质或产生异味。预包装饮料的容器,不得重复使用。在使用无菌袋时,一定要保证无菌袋的辐照物残留符合要求,防止过量的辐照物进入到最终产品中而引起消费者的伤害。

包装材料在一定的条件下会引起产品的重金属(银、砷、钡、硒、铅、汞、镉以及六价铬等)含量超标或引入异物[指任何产品配方之外的物体或原料(如玻璃、金属、塑料、木头、锈、灰尘、石头、纸、布料、昆虫肢体、老鼠、毛发、羽毛等)]进入到最终产品。

应采购符合相关卫生标准、达到食品级的包装材料,供方应提供检验合格证明或报告,不得采购酚醛树脂和回收塑料等。对于加工出口产品的企业,必须从在CIQ注册的工厂购买包装物。

储存包装材料的专用仓库应清洁、干燥、卫生,面积应与储存能力相适应,具有良好的防潮、防尘、防鼠及消防设施,不得同时存放有毒有害化学物品等,并建立出入库记录。

包装仓库管理人员应保持个人卫生良好,不得将无关的物品、饰物带入仓库。应建立不合格包装材料追溯及处理制度,并严格执行。

企业应制定相应产品内包装材料的质量标准,并具备一定的检测能力,检验合格后方可使用。

(1) 玻璃瓶包装

玻璃是一种惰性材料,无毒无味。在使用时应防止玻璃中的迁移物质无机盐和离子进入到果汁中,从玻璃中溶出的物质主要是二氧化硅。

(2) 金属罐(桶)包装

金属包装材料具有优良的阻隔性能和机械性能,表面装饰性能好,但其化学稳定性差,特别是包装酸性内容物时,金属离子易析出而影响食品风味。其主要的食品安全性问题在于铸铝中和回收铝的杂质。目前使用的铝原料纯度较高,有害金属较少,而回收铝中的杂质和金属难以控制,易造成食品污染。

(3) 塑料包装(PET瓶、PP瓶、无菌袋、复合软包装容器等)

塑料包装的卫生质量应符合GB 9687《食品包装用聚乙烯成型品卫生标准》、GB 9688《食品包装用聚丙烯成型品卫生标准》、GB 9689《食品包装用聚苯乙烯成型品卫生标准》和GB 9683《复合食品包装袋卫生标准》的要求。除了卫生项目外,二氨基甲苯是一种致癌物质必须严格控制,其含量不得超过0.004 mg/L;在食品包装材料中,胶粘剂中的微量有害物质也会影响整个包装材料的安全性,因此残留溶剂不得超过10 mg/m^2。

(4) 纸制品包装(无菌纸盒等)

纯净的纸无害、无毒,但由于生产包装纸的原材料易受到污染,或在加工处理中纸和纸板中通常会有一些杂质、细菌和某些化学残留物,如清洁剂、涂料、改良剂,从而影响包装食品的安全性。因此在使用纸制品包装时,应控制包装纸的原材料使其干净卫生,重金属、农药残留等符合要求,严禁使用霉变及回收废纸作为原料,造成霉菌、化学物质超标。

3. 包装材料的清洗消毒

必要时,在使用前对所使用的包装材料进行消毒处理。应制定清洗消毒工艺并严格执行。

【实例】

实例1　××果汁加工厂浓缩苹果清汁包装罐箱要求

1. 罐箱回收使用后必须进行彻底清洗消毒,并出据清洗消毒证明。
2. 罐箱在清洗消毒后及时进行铅封。
3. 制作罐箱的材料为不锈钢,内表面光滑、无焊缝、便于清洗消毒。
4. 罐箱内不得有异物。
5. 罐箱的清洗消毒程序见图5-1。

打开罐箱,清理残留余料

↓

高压喷头(压力 1 050 Pa)50 ℃以上的热水清洗

↓

高压喷枪(压力 1 050 Pa)冷水漂洗

↓

人工洗涤剂清洗

↓

冷水漂洗

↓

热水漂洗

↓

热风烘干

↓

蒸汽盘管对罐箱加热到 100 ℃并维持 1 h～2 h

↓

充入高纯氮气,使箱内压力达到 52.5 Pa

↓

封口并加铅封

图 5-1　罐箱清洗消毒程序

实例 2　×× 果汁加工厂浓缩苹果清汁包装无菌袋的要求

无菌袋的整个生产过程从吹膜、镀铝、复合到制灌装口都要符合 GMP 要求,有检验检疫机构的注册证书。

无菌袋的材料:每一面均由三层铝膜和两层复合薄膜压制而成,所有的材料都是可以直接和食品接触的食品级无毒材料。

无菌袋的容积:200 L 或其他规格。

辐照物残留:符合进口国和生产国的法规要求。

其他要求:

(1) 重金属含量不得超过 100 mg/L,定期进行检验。

(2) 不得有异物,例如头发、铜丝等。

(3) 杂菌、大肠菌群、致病菌、耐酸耐热菌、霉菌、酵母菌不得检出。

【标准条款】

> **6.5.2**　包装(灌装)的区域应予以有效隔离,包装(灌装)环境应满足不同产品的安全卫生要求。

【理解与解释】

1. 区域要求

应有独立的灌装间,要相对密闭。

2. 环境要求

饮料灌装车间应为10万级以上洁净厂房，企业可通过紫外灯、喷洒消毒剂以及熏蒸等措施对车间空气中的微生物进行控制，另外还可根据生产工艺的不同进行把握。如对于碳酸饮料的生产，由于无杀菌工序，对灌装车间环境的要求要相对严格；对于采取后杀菌工艺或无菌灌装工艺生产的饮料以及固体饮料，对灌装车间环境的要求可相对宽松；而对于采取热灌装工艺生产的饮料，则应对其灌装车间环境的要求适中掌握。同时应注意有的灌装线本身就带有密封的空气净化灌装间。

饮料灌装间要求有正压送风，保持正压可防止室外污染物的进入，控制微生物与尘埃粒子不超标。因此要对灌装间进行有效隔离，保持相对密闭。灌装间空气清洁度级别分为：整体30万级、整体10万级、整体万级、整体千级、整体万级灌装口区百级等。

【实例】

实例1　××果汁加工厂浓缩果蔬汁灌装车间的要求

根据浓缩果蔬汁的设备以及包装物的特点，为了保证产品的灌装质量和安全符合要求，从以下几个方面对浓缩果蔬汁的灌装车间提出相应的要求。

(1) 设备要求：无菌灌装机。

(2) 包装物的要求：钢桶＋保护袋＋无菌袋。

(3) 灌装间的风幕和门的要求：独立隔开，操作人员进入灌装间前先经过缓冲间，在缓冲间开启风幕，吹掉身上的头发等异物，灌装间的门为自动门。

(4) 灌装间的卫生清洁要求：每班进行一次卫生清洁，保持地面，墙壁、顶棚等干净，无灰尘，无污渍，无异物。

(5) 灌装间的操作人员：穿戴工作帽、工作服和工作鞋，工作服应把头发全部包住，确保头发不外露，戴口罩。

(6) 灌装间的光照要求：要有一定的光照强度，便于操作工将灌装头少量的冷凝水擦干净。

(7) 包装物准备间的要求：包装物准备间的入口处应设有缓冲间，要求光线要暗，防止车间内的灯光吸引飞虫。

(8) 成品出口的要求：成品出口处应设有缓冲间，要求光线要暗。

实例2　××果汁加工厂热灌装饮料的灌装环境的空气清洁度控制

1. 灌装洁净区域的设计

(1) 基本要求

① 灌注机区域(封闭)10 m^2，洁净室区域80 m^2～100 m^2，以3～5个人可以自由活动为宜，缓冲区域50 m^2(以实测为准)，包括空气输送带的缓冲区、风淋室、瓶盖的料斗。

② 灌注区域洁净度等级：NASA Class(注：美国国家太空总署无尘等级)100(静态)；洁净室区域洁净度等级：NASA Class 10 000(动态)，测试时洁净室内没有蒸汽；缓冲区域洁净度等级：NASA Class 100 000(动态)。

③ 洁净室送风量大于50次/h，灌注机区域的垂直单向流风速大于0.25 m/s。

④ 新风量大于10%。

⑤ 洁净室从空调箱开机至达到洁净度等级:NASA Class 10 000 的时间小于30 min。

⑥ 洁净室静压在任何时候都大于15 Pa(漏风速大于5 m/s)。

⑦ 空气输送带不能排风到洁净室。

⑧ 洁净室温度小于30 ℃(回风相对湿度可能高达100%),噪声小于75 dB(仅限于洁净室本身)。

⑨ 洁净度采样点数(具体位置待定):

——万级区域:10点;

——百级区域:4点。

(2) 标准与规范

① GB 50016—2006《建筑设计防火规范》。

② GB 50073—2001《洁净厂房设计规范》。

③ GB 50222—1995《建筑内部装修设计防火规范》。

④ JGJ 71-90《洁净室施工及验收规范》。

(3) 空气过滤器

① 空调箱配有初效和中效过滤器,以过滤新风和混合风。

② NASA Class 10 000 的洁净区域的高效过滤器对0.3 μm粒子的捕集效率在99.9%以上,气流阻力在250 Pa以下。

③ NASA Class 100 的灌注区域的超高效过滤器或等同设备对0.1 μm~0.2 μm粒子的捕集效率在99.999%以上,气流阻力在280 Pa以下。

(4) 微生物指标

微生物指标见表5-9。

表5-9　微生物指标

洁净区级别	含菌浓度(直径9 cm培养皿,放置0.5 h)/(CFU/m^3)	
	沉降菌	浮游菌
100级区	≤1	≤5
10 000级区	≤3	≤100

(5) 洁净室的结构

① 洁净室地面要求承重能力大于2 t/m^2,天花板不允许悬吊负载。

② 洁净室的装修材料应符合GB 50222《建筑内部装修设计防火规范》的规定,使用寿命大于15年。

③ 洁净室不能有缝隙和裂缝。

④ 洁净室的主体颜色为白色。

⑤ 地坪为环氧树脂自流坪。

⑥ 洁净室的地漏应是不锈钢的,并有夹气装置。

⑦ 洁净室需设有不锈钢洗手盆和不锈钢水池。

(6) 照明

① 灌装机区域和洁净室内的照度大于400 lx。

② 缓冲区域的照度大于250 lx。

③ 洁净室须设有应急灯。

(7) 风淋室

① 风淋室控制顺序见表5-10。

表5-10　控制顺序

控制顺序Ⅰ(人员进入洁净室)			
步骤	门1	门2	风扇
1	开	关	N/A
2	关	关	运行
3	关	开	N/A
控制顺序Ⅱ(人员进入洁净室)			
步骤	门1	门2	风扇
1	关	开	N/A
2	关	关	运行
3	开	关	N/A

② 紧急逃生按钮可以打开风淋室的门。

(8) 空调系统

① 洁净室的热负荷

——最大产品流量:按生产线设计;

——产品进洁净室的温度:90 ℃;

——空调箱的显热量(热交换能力)必须大于生产运行中洁净室的热负荷。

② 空调箱的结构

空调箱由双层钢板制成,内充填环保绝缘热材料,不允许有冷桥。

③ 冷冻水的流量

应大于空调系统要求的冷冻水量。

④ 风管和风阀

——风管由镀锌钢板制成,使用寿命大于15年;

——保温层用大于10 mm的环保耐火材料,不得使用石棉;

——风阀由大于1 mm的镀锌钢板制成。

⑤ 初效过滤段:无纺布过滤器、袋式过滤器。

⑥ 新风、回风和送风

一个风阀调节新风和回风的比例,另一个为消防风阀。

⑦ 空调箱的漏风率≤1%。

⑧ 风机马达手动变频控制。

⑨ 自动温度控制设备,具有手动控制功能。

⑩ 独立的排风系统。

(9) 仪表

① 墙挂式温度计,量程0 ℃～50 ℃,精度±1 ℃。

② 墙挂式压差计,量程0 Pa～60 Pa,精度±1 Pa,以监测洁净室与外界的压差。

③ 压差计,量程0 Pa～500 Pa,精度±5 Pa,以监测高效过滤器的压差。

④ 压差计,量程0 Pa～500 Pa,精度±5 Pa,以监测空调箱中效过滤器的压差。

⑤ 洁净室洁净度测试仪器。

2. 洁净室的运行管理

加强洁净室的运行管理，确保洁净室的空气洁净度符合工艺要求，规定如下：

(1) 人员管理

① 洁净室专(兼)职管理人员职责

a) 应熟知洁净室内生产的产品用途，生产工艺特点。

b) 与有关技术人员共同确定洁净室内的温度、相对湿度、压差和产品生产所需的水电气的供应品质等。

c) 熟知洁净室内产品生产时排出的废水、废气的数量和对洁净室造成的影响。

d) 熟知洁净室的构造、空调系统的技术性能和保持空气洁净度等级的技术措施。

e) 熟知并掌握洁净室所需的各种检测方法，并确定检测评价时间。

f) 熟知洁净室清扫、清洗和消毒方法，确定清扫、清洗和消毒时间和检查验收标准。

g) 熟知洁净室的安全报警系统、装置和技术措施，确定定期安全检查的要求和时间。

h) 决定洁净室及其相关技术设施的运行或停止，并定期复查运行日志和有关记录。

i) 当洁净室发生故障或出现安全隐患时，决定采取处理措施，并发出相关指令直至停止运行。

② 洁净室人员的准入制度

a) 严格控制进入洁净室的操作人员的数量。

b) 严格控制临时进入洁净室的维护、检测人员和其他人员如参观者等，临时进入者须办理申请、批准手续并佩戴进出标识。

c) 下列人员不准进入洁净室：

——皮肤有晒焦、剥离、外伤和炎症、瘙痒症者；

——感冒、咳嗽、冻伤、湿疹等患者；

——鼻子排出物过多者；

——过多掉头皮、头发者，有搓皮肤、挖鼻孔、搔头等不良习惯者；

——没有按规定洗去化妆品、指甲油和未穿洁净工作服者，未及时刮胡须、剪指甲者。

d) 进入洁净室的工作人员不准带入下列物品：

——未按规定进行洁净处理的各类材料、设备和仪器等物件；

——工作人员的各种个人物品，如手表、钱包、钥匙、食品、香烟、打火机等。

③ 洁净室工作人员须知：

a) 进入洁净室的人员应严格执行人身净化制度、路线和程序，任何人不得随意更改，必须按照规定穿洁净服、戴帽子及口罩、换鞋。

b) 操作人员在洁净室内工作时，严格执行操作规程，动作要轻，不得跑跳、打闹，不做不必要的、易发尘的和大幅度的动作。

c) 操作时应避免干扰气流，走动时不要拖足行走。

d) 不得将与生产无关的和容易产生尘的物品带入洁净室。

e) 严禁在洁净室内吸烟、饮食和进行非生产性活动。

④ 进入洁净室的人身净化制度、路线和程序：

a) 上班前应每天冲澡、换衣、洗头，保持身体清洁；上班时个人衣服外套和物品应全部放到更衣室的柜子里，去掉化妆。

b) 洗手消毒后进入洁净更衣室，穿上洁净服、帽子、口罩和雨鞋。

c) 进入缓冲间再次洗手消毒。

d）在消毒水池进行雨鞋消毒。

e）风淋后进洁净室，风淋时可拍打衣服，尽可能减少尘粒进入洁净室。

⑤ 从洁净室退出应注意的事项：

a）在洁净更衣区之前不得脱掉工作服、帽子、口罩、雨鞋或将洁净服、帽子、口罩、雨鞋穿出洁净更衣区。

b）脱洁净服、帽子、口罩、雨鞋时不要触及地板或其他物品，由下至上脱，放在专用的柜子内。

c）退出后如需再进入洁净室，仍需按进入洁净室的程序进行。

d）紧急时退出洁净室可不需要经过空气吹淋。

e）不得穿洁净服、帽子、口罩、雨鞋上卫生间，上卫生间务必穿非工作服、鞋，并按出入洁净室的注意事项处理。

（2）洁净服具（含洁净服、帽子、口罩、雨鞋）的管理

① 应采用专用的、合适的洁净服具。

② 新的或清洗后的洁净服具应经过检验。

③ 日常作业后，洁净服具应放在专用柜子内。

④ 操作人员穿着洁净服具应检查是否符合规定要求。

⑤ 如有明显污染或破损，应及时向管理人员报告，确定能否继续使用。

⑥ 洁净服具至少每周清洗 1 次～2 次；同一作业区的洁净服具应在同一时间清洗；通常清洗 50 次～100 次应检查确定是否废弃。

（3）物流的管理

① 进入洁净室的物料的准入制度：所有送入洁净室的各种物料、工器具等均需按照要求进行外包装的清理、吹净，有效清除外表面的微粒和微生物。

② 生产过程中如需工器具等进出，需清扫、清洁其外表，再通过传递窗消毒后进入，退出则走物流通道。

③ 人员不得通过物料通道进出。

④ 生产过程如有废弃物（废瓶子、废盖子），应从物流通道取出。

⑤ 进入洁净室的压缩空气需经 0.5 μm 滤芯过滤。

⑥ 气缸式灌装机为避免直接气体漏入空气净化面，应采用常用的排气管收集所有漏气，然后压缩排出空气净化面。

（4）洁净室的清扫、清洁和灭菌管理

① 洁净室的清扫清洁应在生产操作结束后进行，如有必要在生产前清扫，则必须在净化空调系统开机运行时间达到自净要求后方可开始生产。

② 洁净室用不掉纤维的材料如尼龙布等进行擦拭，每天一次或数次，擦拭用水应使用臭氧水。

③ 不同级别、不同用途的洁净室，其清扫的次数和方法有所不同。为防止洁净室内微粒子的沉积，应在洁净室工作前或工作后进行清扫。不同洁净度等级的洁净室清扫频率见表 5-11。

表 5-11　不同洁净度等级的洁净室清扫频率

空气洁净度等级	地面清扫	墙壁清扫	工作台清扫	工器具清扫	检查
100 级	擦拭 1 次/天	擦拭 1 次/周	擦拭 1 次/班	擦拭 1 次/天	粒子计数器
10 000 级	擦拭 1 次/天	擦拭 1 次/月	擦拭 1 次/天	擦拭 1 次/天	目视或触摸

(5) 洁净室用净化空调系统及设备的维护管理

要定期维护空气过滤器、空调机、高效过滤器、冷冻机及泵、配电设备、安全报警设施等,并保持正常运行。

(6) 洁净室定期检查项目见表 5-12。

表 5-12　洁净室定期检查项目

项　　目	检查方法及其他
尘埃数	在规定时间、地点,用粒子计数器测定控制粒径的微粒数
温、湿度	在规定的时间、地点,测定和核对连续测定记录
菌落数	在规定的时间、地点,测定沉降菌落或浮游菌数等
风量	测量净化空调系统的高效过滤器的压差,检查过滤器是否堵塞、安装密封垫是否完好或过滤器损坏而引起的泄漏情况;使用风速计检查局部排风装置的风量
静压差	使用压力表测定洁净室内外的静压差
送风机和风管	检查送风机轴承,送风机运行状态、尘埃和污物,送、咽风管道内部和送风口的腐蚀及污垢等情况
其他	室内是否保持清洁,顶棚和墙壁是否有裂缝或腐蚀,机械设备是否有异常现象等

3. 洁净室内空气洁净度的检测监控

生产前,当生产清洁消毒工作完成后,开启洁净室(NASA10 000 级)注入间通风装置直至生产完成。以粒子检测器确定室内悬浮粒子数量达到 10 000 级要求时,方可正式进行灌注生产;否则须继续循环回风,直至粒子数符合要求。

检测标准按照洁净室(区)的空气洁净度等级(见表 5-13),以专用的尘埃粒子计数器检测洁净室内空气中的尘粒数量,以直径 9 cm 的培养皿,定点放置 0.5 h,培养沉降菌。

表 5-13　洁净室(区)的空气洁净度等级

洁净度级别	尘粒最大允许数/(个/m^3)		微生物最大允许数	
	0.5 μm	5 μm	浮游菌/(个/m^3)	沉降菌/(个/皿)
100 级	3 500	0	5	1
10 000 级	350 000	2 000	100	3
100 000 级	3 500 000	20 000	500	10

注 1:洁净室(区)空气洁净度的测定要求为静态测试,动态监控。对尘粒和微生物中的两项测定指标,至少各测一项。

注 2:空气洁净度为 100 级的洁净室,室内大于等于 5 μm 尘粒的计数,应进行多次采样,当某一测试值多次出现时,方可确认该值。

【标准条款】

6.5.3　应对包装(灌装)后的容器密封性实施检查。

【理解与解释】

生产进行中应对容器的密封性作定时检查,并对密封性的缺陷进行记录以便采取纠正措施。

灌装操作人员、密封性检查人员以及管理负责人应按照能够确保容器密封性达到正常要求的间隔次数对容器的密封性进行观察并记录结果。

对于用作原料的大包装果蔬汁，如无菌袋包装的浓缩苹果清汁，灌装完无菌袋后，检查人员应对每一个无菌袋口实施目视检查，同时辅助用手挤压。若无渗漏，说明封口严密；若发现有异常现象出现，则应实施纠正措施并记录。

【实例】

××果汁加工厂PET产品密封检查

1. 气密性检测

(1) 取样

在生产线上取与旋盖头相等数量的连续产品进行气密性检测。

(2) 样品的处理

① 用专用的切割仪器沿瓶口支撑环下部将瓶盖与瓶身分离。

② 取瓶盖部位，将瓶盖防盗环取下(避免影响气密性)。

(3) 检测步骤

① 将气密性仪储水桶内装入纯净水，液位为观察窗的二分之一位置。

② 打开气密性仪储水桶盖，将塞盖器装在压缩气管上，将待测盖塞在塞盖器上，夹好固定U型铁。

③ 检查压缩气正常后，将开关打到TEST档，当压力达到262.5 Pa(高酸产品)时，迅速将开关拨至HOLD档，保压1 min(低酸产品压力控制在735 Pa)，从观察窗内观察有无气泡冒出，样品测试完成后将开关拨至VENT档释放压力，取下测试样品进行下一个样品测试。测试完毕后整理好仪器，关闭压缩气。

2. 扭矩检测

(1) 仪器

扭矩计。

(2) 操作步骤

① 将扭力计置于水平台面上。

② 调整调零旋钮使指针指零。

③ 调整底部归位按扭使左右指针归位。

④ 视样品大小将插销插在不同孔内。

⑤ 调整固定旋钮用插销将样品固定。

⑥ 顺时针或逆时针转动样品直到达到目的，使用力量应水平。

⑦ 左或右指针指向刻度即为扭力。

(3) 注意事项

① 切勿用锤子敲击零件及仪器。

② 不准用油擦拭零件、仪器。

③ 测定时切勿超出扭矩计的量程。

④ 样品放置及扭动盖子时，应保持在水平面上。

⑤ 样品固定在扭矩盘上必须夹紧，不能有打滑现象。

3. 利乐包横向封合检查

(1) 将包装的四个折角打开，使包装呈枕头状，注意不要用力过度。

(2) 沿平行两侧长边，分别剪下最多 1 mm 宽的两条包装，将包装内的产品倒入回料筒中。

(3) 从剪开后的包装正面(无纵封面)的中心将包装完全打开。

(4) 将打开后的包装内侧清洗干净，并用吸水纸吸干，特别是横封处必须干燥，但要注意不能用力擦拭。

(5) 用食指的指尖分别贴紧包装材料内侧的上下两个横封封口，并沿横封缓缓移动，感觉封口处是否平滑。

(6) 打开封合检查放大镜的照明灯，用伸展钳夹住横封的一端。

(7) 慢慢地握紧伸展钳，同时在封合检查放大镜下选择最佳的角度，观察横封封口在拉伸过程中是否出现包装内聚乙烯薄膜拉伸的现象。

(8) 发现可疑处时，用记号笔进行标记，并记录检查结果。

4. 康美包红染试验

(1) 试验液

① NAPHTA 试剂(沸点：145 ℃～200 ℃)或松节油。

② 红染液：1 L 试验液加入少量染料(oil red 5B02、Red BB01 或其他许可的油溶性染料)。

(2) 检验步骤

① 每条轨道每 30 min 连续取成型包 6 包检验。

② 小心自纸盒中间横切开成两边，不能破坏顶部及底部封合部分，也不能拆开耳部封合三角形部分。

③ 盒中产品倒掉，并用水清洗两遍，以无油的压缩空气将纸盒两边吹干。务必将纸盒内产品或油脂完全去除，并应避免使用高压空气喷枪。

④ 把红染液倒入纸盒两边，直到完全覆盖封口为止。

⑤ 在反应 20 min～30 min 后，打开耳翼检查所有折叠部分，不能出现任何红染液渗漏现象。

第六章 检 验

第一节 检验能力

【标准条款】

> 7 检验
>
> 7.1 检验能力
>
> 7.1.1 机构和人员
>
> 生产企业应有与生产能力相适应的内部检验部门，并具有满足 4.2.2 要求的检验人员。

【理解与解释】

企业应设置检验部门，检验部门规模要与生产能力相适应，检验部门应该是独立的，检验部门应具备相应资格的检验人员。

1. 企业设置检验部门，应明确其组织和管理结构，主管应有任命文件。应规定岗位设置和岗位职责、质量规范以及相应的考核办法，应规定对检测质量有影响的所有管理、操作和核查人员的职责。

2. 检验部门规模要与生产能力相适应。企业的生产能力，包括产品技术要求和生产产能。产品技术要求决定了检验部门的检验规则，由此确定了检验设施仪器配置和检验作业技术要求；生产产能，决定了产品每日检验批次量。

3. 检验部门是独立的，企业应赋予其能够保证管理体系有效运行的职责和权力。在实施企业质量安全管理工作时，能够独立行使产品质量检验职能和质量安全否决权，以保证工作的公正性、独立性。

4. 检验部门应具备相应资格的检验人员。企业依据产品检测项目配置相应的检验技术人员，这些人员能够运用检测技术、承担所面临的检测工作量。检验人员应熟悉标准，经培训考核合格；能科学、公正、准确、及时提供检验报告，出具产品质量检验证明。

检验人员的资格，来源于专业学习，获取检测专业培训合格证书、毕业证、就业资格证书，相关的工作经历认定等。为保障企业检验能力，需结合企业实际情况建立长期的检验人员培训计划并落实这些计划。

检验部门需建立检验人员档案，包括学历证明、工作经历、培训记录、上岗资格证明、工作业绩等。

【标准条款】

> 7.1.2　**设施和设备**
>
> 生产企业的设施和仪器设备应满足检验需要，仪器应按规定进行检定或校准。

【理解与解释】

内设检验部门开展工作，应具备工作所需的检验设施和仪器设备，并对检验仪器进行检定和校准。

1. 设施

检测设施包括但不限于能源、照明、环境条件、操作台等，应确保检验的正确实施。检验部门应确保其环境条件不会使结果无效，或对所要求的测量质量产生不良影响。在检验部门的固定场所以外的场所进行抽样和检测时，需对可能影响结果的设施和环境的技术条件文件化。

2. 仪器设备

(1) 检验部门应配备正确进行检测所要求的所有抽样、制样设备和数据处理及分析设备，果汁和蔬菜汁类生产加工企业的检验部门应配备的仪器设备包括：化学分析天平、pH 测定计、折射糖度计、保温箱、显微镜(倍率应不小于 1 500 倍)、微生物检验设备、灰化炉、离心机、测定器(金属罐装果蔬汁饮料厂必备)、浊度及色度测定设备等。

随着食品安全控制的要求日益提高，果汁和蔬菜汁类生产加工企业的检验部门对检测设备的要求也越来越高，必要时还须配备气相分析仪、液相分析仪、原子吸收仪等高端设备，以满足对农兽药残留、生物毒素、重金属、产品组分分析等的检测要求。

(2) 仪器设备应由经过授权的人员操作。仪器设备使用和维护指导书须方便有关人员使用。

(3) 对检测结果有影响的仪器设备应进行唯一性标识。

(4) 应保存仪器设备的使用记录。

(5) 应建立仪器设备的安全处置、运输、存放、使用、校准和维护的程序，以确保其功能正常并防止污染或性能退化。

(6) 仪器设备出现过载、处置不当、给出可疑结果、显示有缺陷或超出规定限度时，必须停止使用、单独放置以防误用，或加贴明显的停用标记。

3. 仪器设备检定或校准

仪器设备应达到要求的准确度，并符合检测校准相应的规范要求。需对仪器设备制定校准或检定计划。仪器设备在投入使用前须经校准或检定，以确认其能够满足检验部门的规范要求和相应的标准规范。

经校准或检定的仪器设备应有校准状态标识。校准状态标识包括上次校准日期、再校准日期或校准失效日期。

【标准条款】

> 7.1.3　**委托检验**
>
> 生产企业委托外部检验机构承担检验工作时，该检验机构承担委托检验项目的资质和能力应得到确认。

【理解与解释】

检验部门由于未预料的原因(如工作量、需要更多专业技术或暂时不具备能力)或持续性的原因(如通过长期分包、代理或特殊协议)需将工作分包时,应委托给有资质能力的实验室。目前比较常见的委托检验项目包括农药残留、兽药残留、重金属,以及企业的产品型式检验和水质的年度检验等。

具备相应的资质和能力,通常是指应符合法律法规要求,在所选择的检验项目范围内,其实验室能力已经通过相关机构的认可或认证,证明符合特定的标准要求或能力要求,可以在相关领域开展检验工作,如通过中国合格评定国家认可委员会(CNAS)实验室认可的检验机构或通过质量技术监督部门计量认证的检验机构等。企业检验部门需留存所委托检验机构的有效的资质和能够胜任所委托工作的有效证据,如获得CNAS认可的证明文件、检验机构考核材料等。

1. 实验室的资质

实验室资质包括营业许可和允许开展的业务领域(含检定范围)。

在我国允许从事实验室经营的资质是指:其应具有独立的中国法人资格;如为境外投资者应具有三年以上在其所在国家或者地区从事相关检测、校准活动的业务经历;具备与其申请开展业务范围相适应的注册资本、设备、场地、人员等相关条件。

可开展业务的资质是指:根据《中华人民共和国计量法》及其实施细则、《中华人民共和国认证认可条例》和国家质量监督检验检疫总局2006第86号《实验室和检查机构资质认定管理办法》的有关规定,凡是向社会出具具有证明作用的数据和结果的实验室,必须经依法认定,并由发证机关公布实验室资质认定名单及检测范围。

实验室资质认定的形式包括计量认证和审查认可。

计量认证是指:国家认监委和地方质检部门依据有关法律、行政法规的规定,对为社会提供公证数据的产品质量检验机构的计量检定、测试设备的工作性能、工作环境和人员的操作技能和保证量值统一、准确的措施及检测数据公正可靠的质量体系能力进行的考核。

审查认可是指:国家认监委和地方质检部门依据有关法律、行政法规的规定,对承担产品是否符合标准的检验任务和承担其他标准实施监督检验任务的检验机构的检测能力以及质量体系进行的审查。

实验室认可是指认可机构对实验室有能力进行制定类型的检测/校准活动作出一种正式承认的程序。这种承认,意味着通过具有权威性、独立性和专业性的第三方机构按照国际标准等认可规范所进行的技术评价,证明检测/校准实验室有管理能力和技术能力从事特定领域(即所申请认可项目)的工作,以供寻求检测/校准服务的相关方选择实验室,为这些实验室的检测/校准结果在国内外得到接收和承认奠定基础。实验室认可是一种自愿性行为,我国的认可机构是中国合格评定国家认可委员会(CNAS)。

2. 实验室的能力

实验室能力是由诸多因素决定的一种综合实力,体现在多个方面,主要包括人员素质、技术水平、管理水平、设备条件、检测范围。

3. 检测项目及检测结论

委托的检测项目,应在被委托实验室被依法认定的检测范围内。

检测机构所出具的检测报告至少应包括:生产批、检验依据的标准和方法、检验完成的时间、检验项目、合格判定所依据的标准及其标准值。

4. 委托检验合同

企业需与所委托的检验机构签订有效的委托检验合同，内容需包括但不限于：如何组成生产批、检验依据的标准和方法、检验完成时限、检验项目、检验收费、责任划分、违约责任、合同期限等。

5. 对委托实验室的评价

对所委托的社会实验室（供方）进行持续评价，表 6-1 给出了一个供方年度评价记录的示例。

表 6-1　供方年评审记录

年　　月　　日　　　　　　　　　　　　　　　　编号：

合格检测方名称	
参加评审人员	
考核情况	检测结果提供的及时性：
	检测结果可靠性及价格对比情况：
	服务质量情况：
	不合格的处理配合状况及态度：
结论	□ 继续保持为合格供方　　□ 取消合格供方资格 批准人：

第二节　检验要求

【标准条款】

7.2　检验要求

7.2.1　检验方法

生产企业内部检验部门的检验方法应满足顾客、法律法规和相关标准的要求，相关的检验方法在使用前应得到确认。

【理解与解释】

1. 检测方法的选择要求

(1) 检验部门应采用适当的方法和程序进行所有的检验，包括样品抽取、处置、运输、存储和准备，适当时，还须包括测量不确定度的评定以及检测数据的统计技术。

如果缺少指导书可能危及结果，须制定相应的指导书。指导书、标准和参考数据需保持现行有效并便于使用。

(2) 检验部门应采用满足顾客、法律法规和标准要求的检验方法。

① 应优先采用国家或国际标准发布的方法。检测前，检验部门须证实其能够正确运用该标准方法。检验部门应确保使用标准的最新有效版本。

② 当无标准方法时，检验部门可采用非标准方法。非标准方法包括：检验部门制定的方法、检验部门采用的非标准方法、超出其预定范围使用的标准方法、经过扩充和更改的标准方法。

使用的非标方法应遵守与客户达成的协议并需说明客户要求及检测目的。新的非标准方法在用于检测前，须制定程序来规定方法识别、范围、待测样品描述、待测参数或量值以及范围、设备、参考标准或标准物质、环境条件、程序描述、予以接受或拒绝的准则或要求、需记录的数据和分析表达方法、不确定度或评定不确定度的方法。

2. 方法的确认

检验部门对非标准方法和检验部门制定的方法必须进行确认，并按预期用途进行评价，以证实方法的准确度和精密度等性能能够满足检测需要和适应客户的要求。

(1) 确认包括对抽样等程序的确认。

(2) 可采用下列之一，或组合的方法进行确认：

① 使用参考标准或标准物质(参考物质)进行校准。

② 与其他方法所得的结果进行比较。

③ 实验室间比对。

④ 对影响的因素作系统性评审。

⑤ 根据对方法的理论原理和实践经验的科学理解，对所得结果不确定度进行的评定。

(3) 检验部门进行确认的记录包括：方法确认所获得的结果、使用的确认程序以及该方法是否适合预期用途的声明。

【标准条款】

> 7.2.2　**抽样**
>
> 生产企业应规定抽样的程序和方法，抽样人员应经专门的培训并能熟练操作。

【理解与解释】

1. 抽样

抽样是取出物质、材料或产品的一部分作为其整体的代表性样品进行检测的一种规定程序。

2. 抽样程序

(1) 检验部门应制定抽样计划和程序。抽样计划应建立在适当的统计方法的基础上。

(2) 抽样程序应包括：人员、地点、样品的选择、抽样计划、样品提取和制备等。

(3) 抽样计划和程序在抽样现场应便于得到。

(4) 检验部门应保存抽样记录。抽样记录包括：所用的抽样程序、抽样人员、环境条件、抽样位置、抽样程序所依据的统计方法。

3. 抽样方法

如国家标准提出相关要求，应执行国家标准要求；国家标准无要求的，应根据产品的特点规定抽样方法。

(1) 简单随机抽样(simple random sampling)

在 n 个实验单元中如变数的所有样本出现的机会相同，采用简单随机抽样。如由自动化机器产生的成品箱里抽取几个品项。

(2) 分层抽样(stratified sampling)

把总体分为若干相同性质的小组并在各组内随机抽样；如公司内有两个生产线，则从各生产线随机选取产品，保证能估计各生产线对产品变异的影响。

(3) 分群抽样(cluster sampling)

把总体分为若干相同性质的小组并在各组内随机抽样。例如公司内有五条生产线,每条又都各有八个生产单位,则首先将各生产线和生产单位赋予随机编号,然后从随机选取的生产线和生产单位内选取一个零件,直到数量足够为止。

(4) 系统抽样(system sampling)

开始时随机选取一个单元,然后每隔 K 个单元选取一个样本,直到足够数量才开始测量。

4. 抽样人员的培训

抽样人员应经专门的培训,培训内容包括但不限于:与抽样产品相关的知识和产品标准、已经确定的样品抽取方法及抽样量、抽样及封样时的注意事项、样品运送过程中的注意事项等;如是检验人员抽样,也包括样品制备和保存,样品的预处理、成分分析、分析数据处理及分析报告的撰写等。每个抽样组至少由两人组成,其中至少一人有抽样经验。

【实例】

×× 果汁加工厂进出口饮料的抽样规程

1. 取制样的原则

(1) 根据进出口饮料产品的不同品种和包装形式,凡有相关取制样标准的按其规定执行。

(2) 尚无相关取制样标准或规定不明确的出口饮料产品,按以下方法进行:

① 小型预包装(指瓶、罐、盒、袋等,以下统称件)饮料产品取样的一般规则:按产品批次取样(下同)。

——500 箱以下至少开 6 箱,每箱至少取 1 件;

——501 箱～1 000 箱开 10 箱,每箱至少取 1 件;

——1 001 箱～5 000 箱,每增加 500 箱增开 1 箱,每箱至少取 1 件,增加不足 500 箱,按 500 箱计;

——5 001 箱以上,每增加 1 000 箱增开 1 箱,每箱至少取 1 件,增加不足 1 000 箱,按 1 000 箱计;

——每生产班次至少开 3 箱,至少取 6 件。

② 大型预包装[指单件净容(或重量)在 5 L(或 5 kg)以上者]与非预包装饮料产品取样的一般规则:

a) 常规取样:在灌装过程中进行,每批取样 3 次,分别在第一桶灌装完后、中间桶灌装完后、最后一桶灌装完后取样。对按商业无菌灌装的产品,每次取样最少两个小无菌袋,每袋不少于1 L;对于非商业无菌灌装的,可用非玻璃样品瓶盛装,每次取样量不少于 2 L。

b) 仲裁取样:采取开包取样。对于商业无菌包装类,每次开包取样量最少两个小无菌袋,每袋不少于 1 L;对于非商业无菌包装类,每次开包取样量不少于 2 L。其开包比例为:

——10 件以下,逐件抽取;

——11 件～100 件随机抽取 10 件;

——101 件以上,按总件数的平方根数值整数抽取。

(3) 尚无相关制取样标准或规定不明确的进口饮料产品,按以下方法进行:

① 小批量进口饮料原则上按千分之一的比例抽取。每个品种取样数量不少于 3 件,每份样

品数量不少于 0.5 kg。

② 一般情况，液体、半液体饮料每份样品为 0.5 L～1 L，固体、半固体饮料为 0.5 kg～1 kg。预包装饮料应根据生产日期（批号）随机取样，同一批号取样件数 250 g 以上的包装不少于 3 个，250 g以下包装不少于 6 个。

③ 对于品种多、数量少的小批量进口饮料，可采用积累取样原则，按比例抽取具有代表性的品种的样品。

④ 根据检验项目的需要和样品的具体情况，可适当增加或减少采样数量。

⑤ 散装进口饮料应按照容器的高度分上、中、下三层，在四角和中间的不同部位各取同样量的样品，制成混合样。

流动的进口饮料，可采用定时定量从输出的管口取样，制成混合样。

大批量的固体饮料，堆积较高时，应将其分为上、中、下三层，各层分别采样。样品数量较多时，应充分混匀后用四分法取平均样品。

2. 生产过程灌装取样

采用生产过程中灌装取样者，其生产加工企业需确定取样人员报检验检疫机构备案，并对所取样品的真实性负责，填写取样记录单，样品袋应置于外包装容器内的成品包装袋的上方，与成品同条件存放，并在外包装容器上加注留样标注，存放样品的容器应置于每批次成品垛的前部。将每批所取三次样品各取一袋（另三袋作为留样），在无菌条件下等量均匀混合成不少于 750 mL，分装在三只业经消毒灭菌、封口严密、加贴样品标签、容积大于 250 mL 的瓶中，供检验检疫使用。

3. 开包取样

采取开包取样者，盛放样品的容器应经消毒灭菌、封口严密。取样人员着工作服、戴口罩与经 75%酒精消毒的乳胶手套，开袋工具也应消毒灭菌，包装容器口开启、封闭前用 75%酒精消毒灭菌。

4. 样品标签

样品容器外应加贴样品标签，标签内容一般应包括：样品名称、编号、产地、生产加工企业名称、生产加工日期、批号、取样时间与地点、取样人员姓名等。

5. 样品送检

(1) 抽样后样品应尽快送检。样品应尽量保持原始状态，防止污染、变质、微生物繁殖、毒物分解或挥发等。用于检验微生物指标的，原则上应在取样后 3 h 内送检。

(2) 确定检验项目，填写检验单，连同样品一起送交实验室，并按规定确定检测时限。

第七章　产品追溯和撤回

第一节　标　　识

【标准条款】

> 8　产品追溯和撤回
>
> 8.1　标识
>
> 预包装产品的标签应符合相关法律法规和 GB 7718、GB 10789、GB 13432、GB 16740 等的要求。适用时产品包装上应标明产品名称、生产企业名称、卫生注册登记号、批号、生产日期、检验检疫标志、过敏原、转基因成分和辐照处理等内容。

【理解与解释】

1. 标识的作用

(1) 产品的正确标识是实现产品追溯和撤回的基础。国际食品法典委员会(CAC)在《食品卫生通则》中规定:"产品应具有适当的信息,以保证对同一批产品易于辨认或必要时撤回"、"对不同批的产品进行标识对产品的撤回至关重要"。美国 FDA 在 HACCP 法规中也强调要求对产品进行标识以确保可追溯性,如 21CFR Part 113.60 中对低酸性罐头的产品标识和可追溯性规定如下:低酸性罐头包装容器上应标上肉眼可见的、永久性的标识。标识以编码方式标注产品的包装设备、包装地点、包装日期以及包装时段。当生产中发生如下变化时,应及时变更标识:4 h～5 h 的包装间隔;班次更替;批次更替,每一批次中所用的标识不得在下班次中再次使用。

因此,果汁和蔬菜汁类产品在每班次开始生产或批次更替时,定时的检查标识内容,确保加贴的标识正确,是产品能够实现追溯和撤回的基础。

(2) 产品标签的正确标注是食品安全危害的控制措施之一。在食品标签上标注所含的过敏原物质,避免对该过敏原物质过敏的人群食用,是控制过敏原的主要措施。

2. 标识系统

标识系统是指从原辅料验收到成品出厂的全过程标识。成品的标识不仅包括产品包装容器上内容(即标签),也包括产品运输包装上的文字、图形和符号等内容。

(1) 预包装产品的标签应符合相关法律法规和 GB 7718—2004《预包装食品标签通则》、GB 10789—2007《饮料通则》、GB 13432—2004《预包装特殊膳食用食品标签通则》、GB 16740—1997《保健(功能)食品通用标准》等的要求。标签内容必须真实、准确。

① 食品标签的强制标注内容包括:食品名称、配料清单、配料的定量标注、净含量和沥干物(固形物)含量、制造者、经销商的名称和地址、生产日期、保质期和贮藏说明。预包装特殊膳食用食品还需标注:能量和营养素、食用方法和适宜人群。

受委托生产加工食品且不负责对外销售的，应当标注委托企业的名称和地址；对于实施生产许可证管理的食品，委托企业具有其委托加工的食品生产许可证的，应当标注委托企业的名称、地址和被委托企业的名称，或者仅标注委托企业的名称和地址。此外，食品的保质期与贮藏条件有关的，应当标注食品的特定贮藏条件。

② 果汁饮料、蔬菜汁饮料还应标明(原)果汁含量、(原)蔬菜汁含量。添加食糖的果汁，应在"××汁"(产品名称)的邻近部位清晰地标明"加糖"字样，如"加糖苹果汁"。

果汁和蔬菜汁类产品应在食品标签中标注所使用的食品添加剂。甜味剂、防腐剂、着色剂应标注具体名称。

③ 转基因食品是应用现代生物技术，改变了生物原有基因的组成，可供人类食用的动植物或微生物；或用这种动植物或微生物制成的，含有或不含有转基因成分的加工食品。目前，国际、国内对转基因食品安全或不安全尚无结论，标准要求转基因食品应在标签中按有关规定明示。转基因食品标签必须按以下方法标注：

a) 转基因农产品的直接加工品，标注为"转基因××加工品(制成品)"或者"加工原料为转基因××"。

b) 用含有农业转基因生物成分的产品加工制成的产品，但最终销售产品中已不再含有或检测不出转基因成分的产品，标注为"本产品为转基因××加工制成，但本产品中已不再含有转基因成分"或者标注为"本产品加工原料中有转基因××，但本产品中已不再含有转基因成分"。

④ 辐照食品是利用放射性同位素或电子加速器产生的辐射线能量，以安全剂量照射过的食品。凡是辐照食品标签必须按以下方法标注：

a) 经电离辐射线或电离能量处理过的食品，应在食品名称附近标注"辐照食品"。

b) 经电离辐射线或电离能量处理过的任何配料，应在配料清单中标注。例如：马铃薯(辐照配料)，或马铃薯(辐照)。

⑤ 过敏原是能引起敏感的抗原。由于各国的遗传基因和饮食习惯不同，过敏原的排序可能有所不同，但总的来说，过敏原主要包括 8 个种类，如花生、大豆、牛奶、蛋、鱼、甲壳类、坚果类、小麦等。

果汁和蔬菜汁类应在产品标签的配料表中如实标注过敏原。必要时应在食品标签上加注警示说明。

(2) 产品的运输包装也应有相应的标识内容。出口食品的运输包装的标识要求应注明生产企业名称、卫生注册登记号、产品品名、生产批号和生产日期，并加施检验检疫标志。

第二节　产品追溯

【标准条款】

8.2　产品追溯

8.2.1　生产企业应建立和实施追溯系统，追溯系统应包括原辅料的验收使用、半成品和成品入(出)库批次、标志的管理等内容，实现从原辅料验收到产品销售的全过程的标识和记录，使其具有可追溯性。

8.2.2　生产企业应建立记录控制程序，包括法律法规、产品预期用途和顾客要求的记录，各项记录至少保存 3 年。

【理解与解释】

1. 追溯

国际食品法典委员会(CAC)给出的相关定义为"可追溯性/产品追踪指在生产、加工和流通等具体环节中跟踪食品运动的能力"。

食品链有两个层面的追溯:内部追溯和全链追溯(外部追溯)。内部追溯指食品链上一个环节或一个经营实体内部的追溯,它将原料和过程与生产、加工或分销等不同阶段的产品联系起来。全链追溯指食品链上环节之间或不同经营实体之间的延续追溯。外部追溯着重于伴随产品从一个环节到下一个外部环节的追溯能力延伸,使任何产品从初始生产到最终消费的全过程都是双向可查询的。无论是内部追溯还是全链追溯,每个追溯系统都需要三个元素:产品的识别方法(an identifier,a means of identification),以查询形式存在的物品信息(item information)(即是什么 what,来自哪里 where from,去往哪里 where to,什么时间 when,和什么样的方式 how,简称 4 W1H),识别方法和物品信息之间的联接(linkage),如图 7-1 所示。

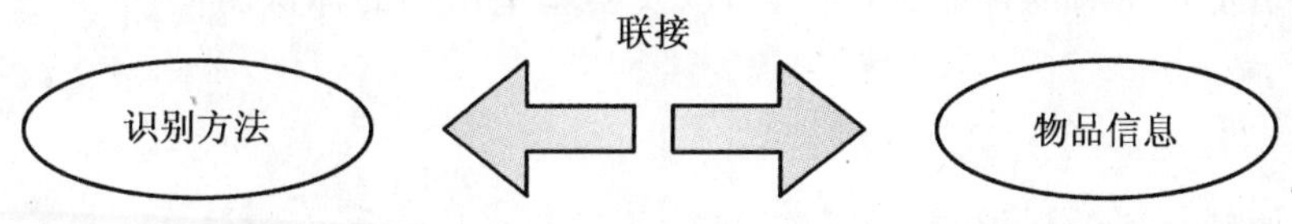

图 7-1 追溯的三个元素

2. 追溯系统

为了最大程度地保护消费者的安全,对食品链进行从农田到餐桌的全程可追溯原则已经成为国际社会的共识。企业建立和实施可追溯性系统,能够帮助企业实现食品安全的全程追溯以及及时撤回不安全产品,避免给消费者造成安全危害和对企业的产品信誉造成不利影响。通过可追溯性系统的建立可以对发现的不安全产品进行系统的原因分析实现过程的改进,并促进企业食品安全管理体系持续改进。

企业建立的追溯系统应是沿整个食品链的过程,标识信息从基地、原料、辅料和包装材料的验收至加工过程、半成品和成品入(出)库批次、标志的管理等各环节的传递。应建立辅助管理系统,包括:清洗剂、消毒剂、半成品、成品等入(出)库规定;标识的管理;产品批次管理;成品检测报告;运输过程的记录保持等,实现从原辅料验收到产品销售的全过程的标识和记录,使其具有可追溯性。

3. 记录控制程序

企业建立和实施了完善的标识和追溯系统,同时应建立记录控制程序。记录控制程序应确保追溯体系各环节的记录有供追溯用的识别代码,使记录具有可追溯性。企业还应建立法律法规、产品预期用途、顾客要求的记录。所有记录的保存时间要长于产品的保质期。

【实例】

××浓缩苹果汁加工厂标识与可追溯性控制程序

1. 目的

对采购产品、半成品、成品进行标识，防止混淆和误用产品，并确保需要时对产品质量的形成过程实现追溯，特制定本程序。

2. 适用范围

适用于形成产品的全过程中的标识与追溯。

3. 职责

(1) 总工办负责制定标识与可追溯性控制程序，明确标识的范围和对产品标识的监督，检查。

(2) 原料采购部负责原料的标识。

(3) 物资供应部负责外购品和辅料的标识。

(4) 生产部负责生产设备、设施、工器具及过程产品和灌装成品的标识。

(5) 储运部负责库存成品的标识和出厂成品发货前的再标识。

(6) 品控部负责对所有的样品进行标识，以及实验室试剂的标识。

4. 工作程序

(1) 标识

① 外购件、原辅材料的标识

a) 外购品的标识：采用挂牌标识(注明品名、规格、数量)。

b) 对产品质量有直接影响的辅料，物资供应部根据物资验收情况采用定置、挂牌方式进行标识，标识状态分为合格品、不合格品、待检品、待处理品。

c) 对于原料果，原料采购部采用苹果质检验收单、果槽号进行标识。

② 生产过程和最终产品的标识

a) 生产部对车间内的生产设备、果汁罐、水罐、CIP 罐等用文字标识清楚；对果汁管道、蒸汽管道、自来水管道、CIP 清洗管道、压缩空气管道等用不同颜色加以区别；工器具、洗手设施等用文字标识清楚。

b) 在破碎工序和酶解工序设立酶制剂存放区，用标识牌清楚标识；每桶酶制剂均有清晰的标签，使用中详细记录规格、生产批号等信息。

c) 生产中使用的化学品存放在有明确图文标识的固定区域，标识完整，使用中做好相关记录。

d) 包装物料存放于有明确文字标识的专用仓库内，使用时详细记录其生产厂家、批次号、箱号、商检号等信息。

e) 生产中的半成品果汁用白塑料桶盛装，并标识清楚；成品在外包装指定位置粘贴不干胶产品标签，用打印机正确打印批次号和桶号。

f) 产品批次号编写说明

将 80 m^3 成品批次罐所盛装的产品定为一批次，质量符合标准要求时，方可灌装，铁桶包装的产品每批次为 360 桶，桶号的编写为每批从 001 开始，按顺序至 360 桶结束。批次号由 14 位字符组成，各字符连在一起，之间不留空格，如××工厂 2005 年 8 月 20 日一班生产的浓缩苹果清汁批次号表示为“02050820A01-01”，图 7-2 举例说明各字符代表的含义。

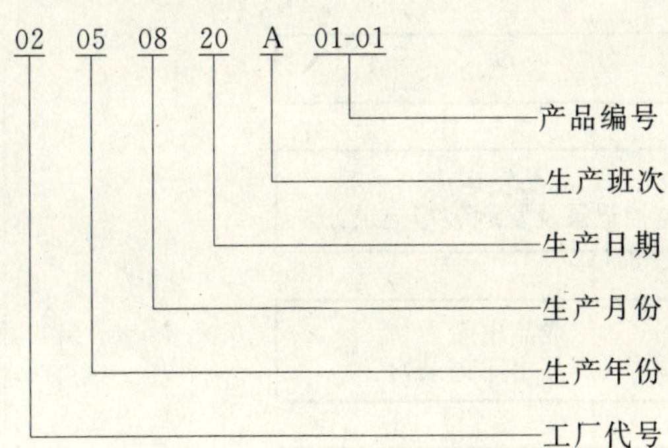

图 7-2 产品批次号编写示意图

③ 库存果汁按批次码放整齐，批次要清楚，每桶标签要清晰。样品桶上标识“样品桶”字样和批次号、数量。对标识不清或无标识的成品全部按半成品对待。

④ 果汁必须按批次出库，并做好出库记录。发货时储运部指派专人根据客户的要求对每桶果汁进行再标识，客户无特殊要求时，用公司的桶标作为发运标识；如果有特殊要求，按照客户标签格式打印并粘贴，标签上的桶号要和原号码对应。装箱前，专人对每桶标识确认，确保无误。

⑤ 不合格产品的标识

经检验达不到质量标准的不合格产品，标识“不合格”字样后，放置在库内划定的有明显标志的不合格品区域，撤回的产品还需标识“撤回”字样。

⑥ 品控部对果汁样品用不干胶标签进行标识，内容包括：样品名称、批次号、生产厂家、取样人、取样地点、取样时间等。

⑦ 品控部负责对实验室药品试剂粘贴不干胶试剂标签，标识内容包括试剂名称、浓度、配制日期、配制人、有效期。实验室内所有盛装溶液、废液的容器均应清楚标明内容物名称。

⑧ 各部门应对所用物资的标识进行维护，如果在使用中标识脱落，应及时补贴，对于标识不清的物资，严禁使用。

(2) 产品的追溯

① 如果发生质量问题或者客户投诉，各部门要根据物资的标识及相关记录对进货、半成品到成品、交付整个过程进行追溯。

② 按照产品追溯流程图进行追溯。

③ 对追溯过程做出详细记录。

④ 由品控部组织，生产部、原料采购部、磅房等参与，每月进行一次可追溯性演习。进行追溯演习时，要求分别使用从原料产地追溯到产品客户、从中间的任何一个工序追溯到原料产地和产品客户以及从客户追溯到原料产地的方式进行追溯。

⑤ 要求追溯过程在 4 h 内完成，如果不能完成或不能完全实现追溯，应对程序相关文件进行修改、完善。

⑥ 对于返工过程的追溯，要求同上。

⑦ 产品追溯流程见图 7-3。

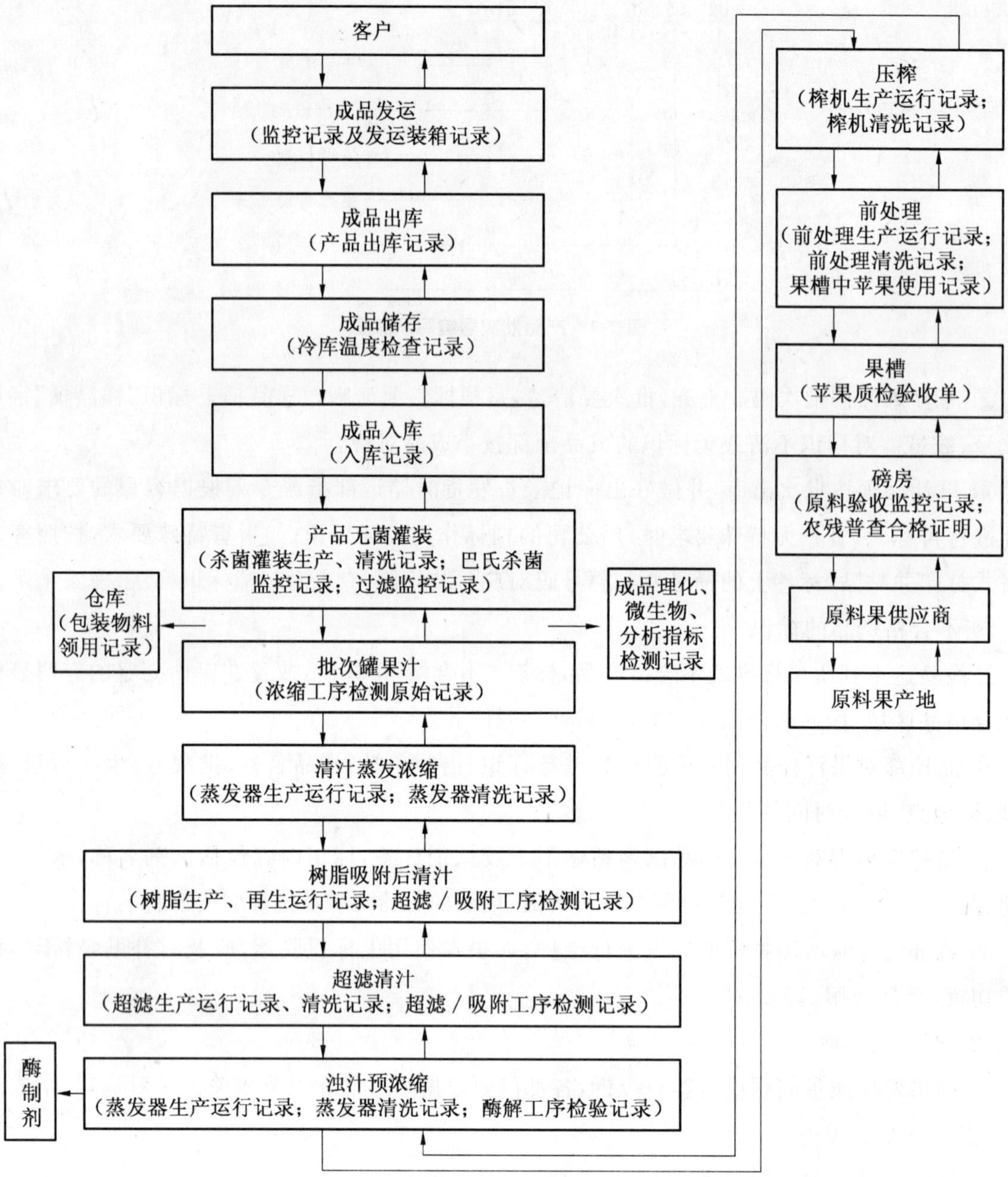

客户

成品发运
（监控记录及发运装箱记录）

成品出库
（产品出库记录）

成品储存
（冷库温度检查记录）

成品入库
（入库记录）

产品无菌灌装
（杀菌灌装生产、清洗记录；巴氏杀菌监控记录；过滤监控记录）

仓库
（包装物料领用记录）

成品理化、微生物、分析指标检测记录

批次罐果汁
（浓缩工序检测原始记录）

清汁蒸发浓缩
（蒸发器生产运行记录；蒸发器清洗记录）

树脂吸附后清汁
（树脂生产、再生运行记录；超滤／吸附工序检测记录）

超滤清汁
（超滤生产运行记录、清洗记录；超滤／吸附工序检测记录）

酶制剂

浊汁预浓缩
（蒸发器生产运行记录；蒸发器清洗记录；酶解工序检验记录）

压榨
（榨机生产运行记录；榨机清洗记录）

前处理
（前处理生产运行记录；前处理清洗记录；果槽中苹果使用记录）

果槽
（苹果质检验收单）

磅房
（原料验收监控记录；农残普查合格证明）

原料果供应商

原料果产地

图 7-3　产品追溯流程图

第三节　撤　　回

【标准条款】

8.3　撤回

生产企业应建立当产品出现不安全产品批次时的撤回方案，应采用模拟撤回、实际撤回或其他方式来验证产品撤回方案的有效性。

【理解与解释】

1. 食品撤回是指食品生产者按照规定程序，对由其生产原因造成的某一批次或类别的不安全食品，通过回收、换货、退货、补充或修正消费说明等方式，及时消除或减少食品安全危害的活动。

食品撤回是国际通行的一种食品安全事后监管的有效措施，既可以有效应对食品安全突发事件，保障消费者生命健康安全，又能够明确产品质量责任主体，规范食品生产加工企业行为，提高生产企业的信誉，从而全面提高食品行业的质量安全水平和市场竞争力。

鉴于进一步完善食品安全监管体系、有效消除或降低食品安全危害以及迅速处理食品安全突发事件等方面的迫切需要，2007 年 7 月 26 日国务院发布的《国务院关于加强食品等产品安全监督管理的特别规定》的第九条和国家质量监督检验检疫总局《关于〈国务院关于加强食品等产品安全监督管理的特别规定〉若干问题的实施意见》（国质检法〔2007〕454 号）第十二条对相关内容作出了相关规定。同时，《食品召回管理规定》出台，也直接推动了食品撤回（召回）制度在国内食品市场的实施，为规范我国不安全食品的撤回提供了制度保障。可见，食品撤回（召回）制度对企业的食品安全和监管等内控体制提出了更高的要求。

2. 判定食品是否属于不安全食品，应当进行食品安全危害调查和食品安全危害评估。一旦确认食品属于应当撤回的不安全食品范畴，食品生产者应当立即停止生产和销售不安全食品，并向社会发布撤回有关信息，进行主动撤回。

食品生产者必须建立相关食品撤回计划，主要内容包括：停止生产不安全食品；通知销售者停止销售不安全食品；通知消费者停止消费不安全食品；食品安全危害的种类、产生的原因、可能受影响的人群、严重和紧急程度；撤回措施的内容，包括实施组织、联系方式以及撤回的具体措施、范围和时限等；撤回的预期效果；撤回食品后的处理措施；撤回记录的保存；定义何种情况、何时需要通知相关政府管理部门（如质检部门、主管部门）等。

除此之外，在三种情况下，国家质量监督检验检疫总局会责令食品生产者撤回不安全食品。第一种情况，食品生产者故意隐瞒食品危害，或者食品生产者应当主动撤回而不采取行动的；第二种情况，由于食品生产者的过错造成食品安全危害扩大或再度发生的；第三种情况，国家监督抽查中发现食品生产者生产的食品存在安全隐患，可能对人体健康和生命安全造成损害的。食品生产者在接到责令撤回通知书后，应当立即停止生产和销售不安全食品。

根据食品安全危害的严重程度，食品撤回级别分为三级：一级撤回是对已经或可能诱发食品污染、食源性疾病等对人体健康造成严重危害甚至死亡的，或者流通范围广、社会影响大的不安全食品的撤回；二级撤回是对已经引发食品污染、食源性疾病等对人体健康造成危害，危害程度一般或流通范围较小、社会影响较小的不安全食品的撤回；三级撤回是对已经或可能引发食品污染、食源性疾病等对人体健康造成危害，危害程度轻微的，或者是含有对特定人群可能引发健康危害的成分而在食品标签和说明书上未予以标注，或标注不全、不明确的产品的撤回。根据不同的撤回级别，食品撤回的具体行动有不同的时限要求。

3. 食品生产者应当保存撤回记录，主要内容包括食品撤回的级别、信息来源、危害评估、产品批次、数量、比例、原因、结果等。食品生产者应当及时对不安全食品进行无害化处理；根据有关规定应当销毁的食品，应当及时予以销毁。食品生产者对撤回食品的后处理应当有详细的记录。食品生产者应当建立完善的产品质量安全档案和相关管理制度，应当准确记录并保存生产环节中的原辅料采购、生产加工、储运、销售以及产品标识等信息，保存消费者投诉、食源性疾病事故、食品污染事故记录以及食品危害纠纷信息等档案。一旦出现问题，企业能够在第一时间找到事发的根源。

4. 企业应通过采用模拟撤回或实际撤回来验证撤回方案的可实现性和有效性，验证程序有效性，测试追溯信息系统是否能够实现追溯和撤回。

模拟撤回应包括：针对某种原料或与食品接触的包装材料所涉及的产品进行模拟撤回，要求能在 2 h 内完成模拟撤回，并能追溯到第一个外部客户；模拟撤回频率，至少每年一次；在下班以后进行；联系人测试，以确定他们都了解各自在产品撤回程序中的职责；任何产品撤回失败，应在 60 天内进行另一次模拟产品撤回的规定；模拟撤回总结。

第一个外部客户指不受供应商控制的第一级外部顾客。送至供应商租赁仓库的货物仍被认为属于供应商控制范围，不是第一个外部客户。第一个外部客户可以是配销中心把该供应商的产品当作原料使用的另一个供应商、代理出口商等。

模拟撤回总结包括：被追溯的原料、包装材料的名称、模拟撤回开始和结束的时间、对撤回过程中所涉及的产品的各项记录的评价、涉及产品的计算方式及数量、撤回小组的总结、撤回效率、撤回产品的数量、应通知的人员名单、对撤回系统的改进建议。

总之，产品的追溯是一项多层次的活动，在其开发和实施的过程中，企业的许多部门都要参与其中，除了质量（或食品安全）部门，还要涉及物流、IT 部门、营销和审计等部门。

【实例】

××果汁加工厂产品撤回程序

1. 目的

（1）确保消费者的安全、保障消费者健康不受侵害。

（2）维护公司信誉及产品形象。

2. 职责

（1）撤回小组：由总经理、工厂厂长、品控部经理、发运办经理、财务部经理、仓库主管构成。

（2）品控部负责投诉的处理、产品的化验分析、记录的保存、撤回产品危害分析、撤回产品分析、纠正预防措施的验证及参与产品撤回计划的制定。

（3）发运部负责产品撤回计划的制定与实施；负责与客户联系，产品发货记录保存。

（4）仓储部负责制作产品发货记录，参与产品撤回计划的实施。

（5）生产各部门参与产品撤回计划的实施。

（6）财务部配合产品撤回计划的实施。

（7）总经理负责产品撤回计划的全面工作及决策的制定。

3. 工作程序

（1）产品撤回时机

① 产品受到微生物污染，可能会损害消费者健康。

② 产品受到化学物质、重金属污染，可能会损害消费者健康。

③ 政府监督部门监督过程中质疑相关批次产品。

④ 受到歹徒恐吓敲诈勒索，经查属实及经有关单位证明。

⑤ 消费者投诉，经厂内检查证实该产品存在潜在危害的。

⑥ 产品存在质量缺陷。

⑦ 未正确标识、包装，外观严重不良的产品。

(2) 撤回的启动

① 撤回的申请

产品销售后反映品质有异常，即送样品控部，由品控部对样品进行检验分析（如分析仪器无法检验则委外检验）、鉴定或咨询有关食品专家等，无法判定危害风险时，由撤回小组组长召集，撤回小组成员对相关产品信息进行评估，依危害风险的大小，提出撤回申报或当地政府监管部门明确规定必须对某批产品实施撤回时，撤回小组组长即提出撤回申请。提出申请需填写《产品撤回裁决书》（见表 7-1）。

表 7-1 产品撤回裁决书

编号： 单号：

<table>
<tr><td rowspan="5">撤回小组</td><td>品名</td><td></td><td>规格</td><td></td><td>签章</td></tr>
<tr><td>批号</td><td></td><td>数量</td><td></td><td></td></tr>
<tr><td>撤回原因分析</td><td colspan="3"></td><td></td></tr>
<tr><td>撤回产品范围</td><td colspan="3"></td><td></td></tr>
<tr><td>撤回级别</td><td colspan="3">□ 消费者级别 □ 零售 □ 批发商</td><td></td></tr>
<tr><td>技术部</td><td>意见</td><td colspan="3"></td><td></td></tr>
<tr><td>总经理</td><td>裁决</td><td colspan="3"></td><td></td></tr>
</table>

②《产品撤回裁决书》的填写

撤回原因分析可由撤回小组品控部成品检验员填写，范围可由发运部成员填写；撤回级别可由小组长填写。品控部经理对产品撤回申请发表意见，总经理裁决启动撤回。

③ 产品危害分类和撤回级别

第一类：食用或消费特定产品将严重损害消费者健康或导致死亡者。

第二类：食用后可能对消费者健康有一定危害者。

第三类：食用后不会对生命健康造成危害，但影响公司形象者。

根据撤回范围及危害程度的不同，本公司产品撤回分为以下三种级别，见表 7-2。

表 7-2 产品撤回级别

撤回级别	撤 回 对 象
消费者级别	消费者
零售级别	超市、商场、餐馆、餐饮店、杂货店、医院等
批发级别	批发商、经销商、代理商

(3) 撤回计划

由发运部根据《产品撤回裁决书》的相关信息，制定《产品撤回计划》（见表 7-3），内容包括产品名称、规格、撤回原因及危害类别，拟撤回数量、拟撤回地区、完成撤回的估算等。仓储部依《发货记录》查明发货去向，编制《发货统计明细》提供产品出厂的相关信息（发货日期、数量、到货客户名称），配合完成撤回计划。

表 7-3　产品撤回计划

编号：　　　　　　　　　　　　　　　　　　　　　　　　　　单位：

品名		规格		批号		数量	
撤回原因				危害类别		撤回级别	
发货日期		内外流通客户名称		拟撤回客户地区		拟撤回数量	
撤回通告形式		完成撤回时间估算		完成撤回费用估算		撤回产品处理方式	
序号	项目		责任部门		内容		备注

部门经理：　　　　　　总经理：　　　　　　　　　　　　填表人：

（4）撤回的通知

发运部编写《产品撤回通知书》（见表 7-4），内容包括产品名称、包装规格、型号、批次、代码，确认产品所必需的其他细节，撤回原因，危害的性质和消费的后果，撤回产品的处理方法，撤回联系人 24 h 的联系电话和传真等。《产品撤回通知书》经总经理审批后，必须在产品撤回裁决后 24 h 内发出。

表 7-4　产品撤回通知书

产品撤回通知书
×××经销商： 我公司　　年　月　日销售给贵公司××产品、××箱、××千克、合同号××，送货单号××，因存在××问题，现我公司决定对该批产品实施撤回，请给予大力协助，以下是该批××产品实施撤回的相关资料。 撤回产品名称：包装、规格、批次、代码、确认产品必需的其他细节（必要时），撤回原因，危害的性质和消费的后果，撤回产品的处理方法，撤回联系人，联系电话（24 h），传真。

（5）撤回的实施和终止

① 发运部根据《产品撤回计划》通过电话、传真通知到所有经销商、进出口商和其他相关机构，并安排专人处理咨询，实施产品撤回。

② 对于消费者级别和零售渠道不能完全确认零售级别的撤回，通过电视等媒体通告顾客进行撤回。

③ 产品撤回终止：政府监督部门要求的撤回，一直到接到相关部门终止撤回书面通知，才停止撤回。本公司要求的撤回，由食品安全小组研究决定撤回的终止。

（6）撤回产品及库存相关产品的处理

① 消费者将产品退回时将获得退款。

② 撤回产品及库存相关产品由仓储部负责监督隔离存放，并填写《撤回产品登记表》（见表 7-5）。

③ 撤回产品执行《潜在不安全产品的处理程序》的规定。

表 7-5　撤回产品登记表

<table>
<tr><td>品名</td><td></td><td>规格</td><td></td><td>撤回原因</td><td></td><td>撤回级别</td><td></td><td>责任人</td></tr>
<tr><td>产品批号</td><td></td><td>产品代码</td><td></td><td>撤回对象</td><td></td><td>撤回地区</td><td></td><td rowspan="2"></td></tr>
<tr><td>拟召数量</td><td></td><td>时间估算</td><td></td><td>实际撤回数量</td><td></td><td>实际完成撤回时间</td><td></td></tr>
</table>

(7) 撤回报告

产品撤回及处理结束后，撤回小组组织各部门配合编制《产品撤回报告》(见表 7-6)，并向总经理报告。内容包括产品撤回的原因，撤回的措施，撤回的结果(已撤回数量、未撤回数量、撤回比例、撤回产品的处理结果、撤回效果评估)，纠正预防措施(包括原物料、生产过程、产品检验等)。

表 7-6　产品撤回报告

<table>
<tr><td rowspan="4">撤回小组</td><td>品名</td><td></td><td>规格</td><td></td><td>撤回起止</td><td></td><td>撤回通告副本</td><td></td><td colspan="2">附件</td><td></td></tr>
<tr><td>撤回原因</td><td colspan="3"></td><td>撤回措施</td><td colspan="6"></td></tr>
<tr><td>产品数量</td><td colspan="2"></td><td>撤回数量</td><td></td><td>未撤回数量</td><td></td><td colspan="2">撤回产品所占比例</td><td colspan="2"></td></tr>
<tr><td>撤回产品处理结果</td><td colspan="6"></td><td colspan="2">小组长</td><td colspan="2"></td></tr>
<tr><td>发运部</td><td>撤回效果</td><td colspan="6"></td><td colspan="2">部门经理</td><td colspan="2"></td></tr>
</table>

(8) 撤回记录

产品撤回一旦发生，公司所采取的一切措施都进行书面记录，撤回的相关信息，记录和资料将作为管理评审的输入。

(9) 措施执行

严格执行公司有关质量程序，针对撤回产品出现的问题，如涉及产品安全性，食品安全小组立即作检讨，必要时对 HACCP 计划进行重新验证及修改，并以书面形式呈总经理审批。为检验产品撤回方案的有效性，公司每年举办一次产品模拟撤回演练，并记录结果。

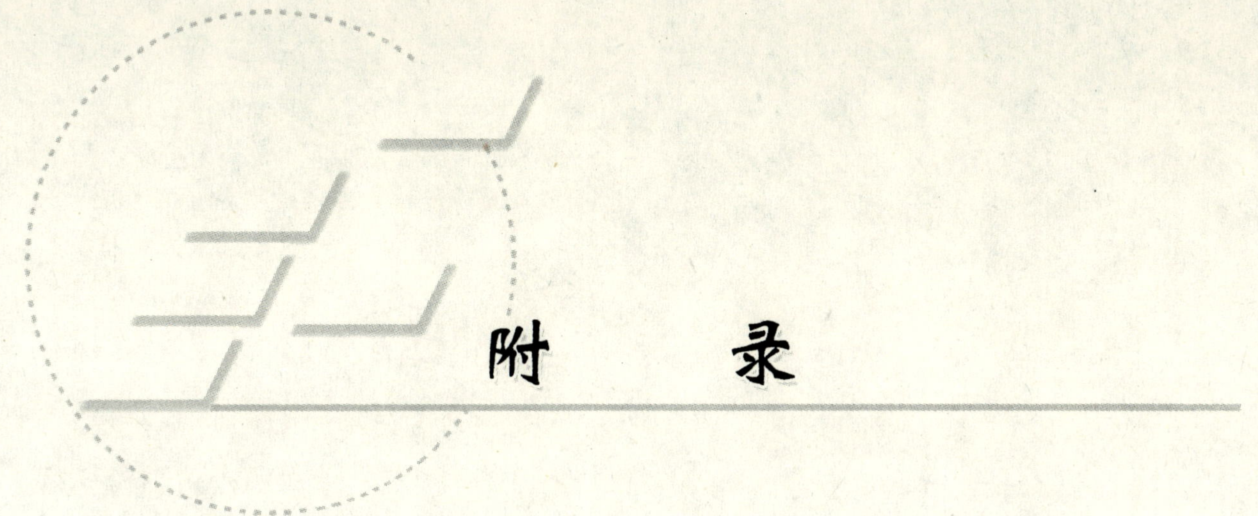

附　　录

ICS 67.040
X 00

中华人民共和国国家标准

GB/T 27305—2008

食品安全管理体系 果汁和蔬菜汁类生产企业要求

Food safety management system—Requirements for fruit and vegetable juices producing establishments

2008-09-10 发布　　　　2009-01-04 实施

中华人民共和国国家质量监督检验检疫总局
中国国家标准化管理委员会　发布

前　言

本标准的附录 A 为资料性附录。

本标准由中国合格评定国家认可中心和中华人民共和国陕西出入境检验检疫局提出。

本标准由全国认证认可标准化技术委员会(SAC/TC 261)归口。

本标准起草单位:中国合格评定国家认可中心、中华人民共和国陕西出入境检验检疫局、国家认证认可监督管理委员会注册管理部、中华人民共和国青岛出入境检验检疫局、中国饮料工业协会、北京中大华远认证中心、北京汇源饮料食品集团有限公司、陕西恒兴果汁饮料有限公司、大连海升果业有限责任公司。

本标准主要起草人:岑巍群、吴双民、顾绍平、林爱东、马立田、李俊岚、武小省、胡军、余清谋、代晓霞、马杰。

引　言

本标准从我国果汁和蔬菜汁类食品安全存在的关键问题入手，采取自主创新和积极引进并重的原则，结合果汁和蔬菜汁类食品生产企业特点，提出了建立果汁和蔬菜汁类企业食品安全管理体系的特定要求。

本标准的编制基础为"十五"国家重大科技专项"食品企业和餐饮业 HACCP 体系的建立和实施"科研成果之一"食品安全管理体系 果蔬汁生产企业要求"。

GB/T 22000—2006《食品安全管理体系　食品链中各类组织的要求》为食品链中的各类组织提供了通用要求。果汁和蔬菜汁类生产企业及相关方在使用 GB/T 22000 中，提出了针对本类型食品专业生产特点对通用要求进一步细化的需求。

鉴于果汁和蔬菜汁类生产企业在生产加工过程方面的差异，为确保产品安全，除必须关注的一些通用要求外，本标准还特别提出了"关键过程控制"要求，主要包括原辅料验收和储存、原料果蔬的拣选、配料，杀菌和包装(灌装)等过程的卫生控制，过敏原、转基因等特殊原料使用的控制，以避免产品交叉污染，确保消费者食用安全。

食品安全管理体系
果汁和蔬菜汁类生产企业要求

1 范围

本标准规定了经加工制成的果汁和蔬菜汁类生产企业食品安全管理体系的特定要求，包括人力资源、前提方案、关键过程控制、检验、产品追溯和撤回。

本标准配合 GB/T 22000 以适用于果汁和蔬菜汁类生产企业建立、实施与自我评价其食品安全管理体系，也适用于对此类生产企业食品安全管理体系的外部评价和认证。

本标准用于认证目的时，应与 GB/T 22000 一起使用。GB/T 22000 与本标准之间的对应关系参见附录 A。

2 规范性引用文件

下列文件中的条款通过本标准的引用而成为本标准的条款。凡是注日期的引用文件，其随后所有的修改单(不包括勘误的内容)或修订版本均不适用于本标准，然而，鼓励根据本标准达成协议的各方研究是否可使用这些文件的最新版本。凡是不标注日期的引用文件，其最新版本适用于本标准。

GB 2760 食品添加剂使用卫生标准

GB 2761 食品中真菌毒素限量

GB 5749 生活饮用水卫生标准

GB 7718 预包装食品标签通则

GB 10789—2007 饮料通则

GB/T 10791 软饮料原辅材料的要求

GB 12695—2003 饮料企业良好生产规范

GB 13432 预包装特殊膳食用食品标签通则

GB 14880 食品营养强化剂使用卫生标准

GB 16740 保健(功能)食品通用标准

GB 17325 食品工业用浓缩果蔬汁(浆)卫生标准

GB/T 22000—2006 食品安全管理体系 食品链中各类组织的要求(ISO 22000:2005，IDT)

3 术语和定义

GB/T 22000—2006 确立的以及下列术语和定义适用于本标准。

3.1

果汁和蔬菜汁类 fruit and vegetable juices

用水果和(或)蔬菜(包括可食的根、茎、叶、花、果实)等为原料，经加工或发酵制成的饮料。[GB 10789—2007，定义 5.2。]

3.2

拣选 culled

将腐烂变质、受损和其他不适于加工的果蔬剔除的过程。

3.3

病原体 5-log 减少 5-log pathogen reduction

使果汁和蔬菜汁类产品中相关病原体(致病菌)的数量至少减少 100 000 倍(5-log)的处理。

3.4

原位清洗 clear in place,CIP

应用水、清洗剂、消毒剂等和相关设备对闭路的食品设备及其管道内部所进行的循环性冲洗处理。

3.5

拆卸清洗 clear off place,COP

应用水、清洗剂、消毒剂等和相关设备对拆卸打开的设备及其管道所进行的开放性冲洗处理。

4 人力资源

4.1 食品安全小组的组成

食品安全小组的组成应满足果汁和蔬菜汁类生产企业的专业覆盖范围的要求,应由多专业的人员组成,包括从事原辅料采购和验收、工艺制定、设备维护、卫生质量控制、生产加工、检验、储运管理、销售等方面的人员,必要时可聘请专家。

4.2 能力、意识和培训

4.2.1 食品安全小组应熟悉:

a) 果汁和蔬菜汁类的法律法规和标准;

b) HACCP 原理及应用于食品安全管理体系的知识;

c) 果汁和蔬菜汁类基本知识及加工工艺。

4.2.2 从事原辅料采购和验收、工艺制定、设备维护、卫生质量控制、生产加工、检验、储运管理和销售等方面的人员应具备相关能力。检验人员应具有相应的上岗资格。

5 前提方案

5.1 基础设施和维护

生产企业的基础设施和维护保养应符合 GB 12695—2003 第 4、5、6 章的要求。

5.2 卫生标准操作程序

5.2.1 企业应识别、评估、确定生产加工全过程的卫生污染,建立卫生标准操作程序,形成文件,并对其实施有效的监视(包括监视的频率、人员),制定相应的预防性纠正措施。保持对监视、纠正过程的记录。

5.2.2 接触产品(包括原料、半成品、成品)或加工设备器具的水应当符合 GB 5749 的要求。

5.2.3 接触产品的设备、器具和工作服等的表面应符合卫生要求。

5.2.4 应确保产品免受交叉污染。

5.2.5 进入生产现场人员的手和与产品接触的部位应清洗消毒。应保持卫生间设施完好与清洁。

5.2.6 防止润滑剂、燃料、清洗消毒用品、冷凝水及其他污染物对产品造成危害。

5.2.7 正确标识、存放和使用各类化学品。

5.2.8 预防和消除虫、鼠害。

5.2.9 产品的储存和运输的条件应符合产品特性要求。需冷冻的产品应在−18 ℃以下的条件下保存和运输。

5.2.10 清洗消毒的控制应满足以下要求:

a) 使用的清洗剂、消毒剂应符合食品卫生要求;

b) 对设备及管道的清洗消毒可采用原位清洗(CIP)或拆卸清洗(COP),并应定期对清洗消毒效果进行验证;

c) 应定期对场地、工具、容器等进行清洗消毒,应在车间设置专用的工器具清洗消毒场所;

d) 清洗、拣选、破(粉)碎、榨(取)汁、酶解、浓缩、调配、过滤、杀菌、灌装、封口、冷却等工序的设备及附件,应按照规定严格清洗消毒;

e) 灌装前对与产品直接接触的内包装材料应进行消毒处理,确保其卫生符合要求。

5.3 人员健康和卫生

5.3.1 从事生产、检验和管理的人员以及其他与产品有接触的人员健康卫生应符合 GB 12695—2003 的 8.5 及 8.6 的要求。

5.3.2 不同卫生要求的区域或岗位的人员应有明显的标志予以区别，不同加工区域的人员不得串岗。

6 关键过程控制

6.1 原辅料验收和储存

6.1.1 生产企业应建立原辅料的验收准则，并通知供方。原辅料应符合 GB 12695—2003 的 9.2 和 GB/T 10791 的要求，原辅料中的农、兽药等有害物质的残留应符合相关规定。原辅料经过验收合格后方可使用。

6.1.2 生产企业所用的浓缩果蔬汁(浆)应符合 GB 17325 及相关要求。

6.2 原料果蔬的拣选

在原料果、蔬破(粉)碎前应通过有效的拣选，剔除霉烂变质、受损和不适于加工的部分，应使真菌毒素水平控制符合 GB 2761 的要求。

6.3 配料

6.3.1 食品添加剂、加工助剂、营养强化剂等的使用应符合 GB 2760 和 GB 14880 的规定。

6.3.2 投料前应对各种配料的质量和用量进行核查，并做好记录。

6.4 杀菌

对需杀菌处理的产品应制定和实施杀菌工艺规程，其效果应达到病原体 5-log 减少的要求，并保持记录。

6.5 包装(灌装)

6.5.1 包装(灌装)用的内包装材料应符合相应质量卫生标准的规定。

6.5.2 包装(灌装)的区域应予以有效隔离，包装(灌装)环境应满足不同产品的安全卫生要求。

6.5.3 应对包装(灌装)后的容器密封性实施检查。

7 检验

7.1 检验能力

7.1.1 机构和人员

生产企业应有与生产能力相适应的内部检验部门，并具有满足 4.2.2 要求的检验人员。

7.1.2 设施和设备

生产企业的设施和仪器设备应满足检验需要，仪器应按规定进行检定或校准。

7.1.3 委托检验

生产企业委托外部检验机构承担检验工作时，该检验机构承担委托检验项目的资质和能力应得到确认。

7.2 检验要求

7.2.1 检验方法

生产企业内部检验部门的检验方法应满足顾客、法律法规和相关标准的要求，相关的检验方法在使用前应得到确认。

7.2.2 抽样

生产企业应规定抽样的程序和方法，抽样人员应经专门的培训并能熟练操作。

8 产品追溯和撤回

8.1 标识

预包装产品的标签应符合相关法律法规和 GB 7718、GB 10789、GB 13432、GB 16740 等的要求。适用时产品包装上应标明产品名称、生产企业名称、卫生注册登记号、批号、生产日期、检验检疫标志、过敏原、转基因成分和辐照处理等内容。

8.2 产品追溯

8.2.1 生产企业应建立和实施追溯系统,追溯系统应包括原辅料的验收使用、半成品和成品入(出)库批次、标志的管理等内容,实现从原辅料验收到产品销售的全过程的标识和记录,使其具有可追溯性。

8.2.2 生产企业应建立记录控制程序,包括法律法规、产品预期用途和顾客要求的记录,各项记录至少保存 3 年。

8.3 撤回

生产企业应建立当产品出现不安全产品批次时的撤回方案,应采用模拟撤回、实际撤回或其他方式来验证产品撤回方案的有效性。

附 录 A
（资料性附录）
GB/T 22000—2006 与 GB/T 27305—2008 之间的对应关系

表 A.1 GB/T 22000—2006 与 GB/T 27305—2008 之间的对应关系

GB/T 22000—2006		GB/T 27305—2008	
引言			引言
范围	1	1	范围
规范性引用文件	2	2	规范性引用文件
术语和定义	3	3	术语和定义
食品安全管理体系	4		
总要求	4.1		
文件要求 总则 文件控制 记录控制	4.2 4.2.1 4.2.2 4.2.3		
管理职责	5		
管理承诺	5.1		
食品安全方针	5.2		
食品安全管理体系策划	5.3		
职责和权限	5.4		
食品安全小组组长	5.5		
沟通 外部沟通 内部沟通	5.6 5.6.1 5.6.2		
应急准备和响应	5.7		
管理评审 总则 评审输入 评审输出	5.8 5.8.1 5.8.2 5.8.3		
资源管理	6		
资源提供	6.1	7.1	检验能力
人力资源 总则 能力、意识和培训	6.2 6.2.1 6.2.2	4 4.2	人力资源 能力、意识和培训
基础设施	6.3	5.1	基础设施和维护
工作环境	6.4		
安全产品的策划和实现	7	6	关键过程控制

表 A.1(续)

GB/T 22000—2006		GB/T 27305—2008	
总则	7.1		
前提方案(PRPs)	7.2 7.2.1 7.2.2 7.2.3	5 5.1 5.2 5.3	前提方案 基础设施和维护 卫生标准操作程序 人员健康和卫生
实施危害分析的预备步骤 总则 食品安全小组 产品特性 预期用途 流程图、过程步骤和控制措施	7.3 7.3.1 7.3.2 7.3.3 7.3.4 7.3.5	 4.1	 食品安全小组的组成
危害分析 总则 危害识别和可接受水平的确定 危害评估 控制措施的选择和评估	7.4 7.4.1 7.4.2 7.4.3 7.4.4	6	关键过程控制
操作性前提方案(PRPs)的建立	7.5	6	关键过程控制
HACCP 计划的建立 HACCP 计划 关键控制点(CCPs)的确定 关键控制点的关键限值的确定 关键控制点的监视系统 监视结果超出关键限值时采取的措施	7.6 7.6.1 7.6.2 7.6.3 7.6.4 7.6.5	6 6.1 6.2 6.3 6.4 6.5	关键过程控制 原辅料验收和储存 原料果蔬的拣选 配料 杀菌 包装(灌装)
预备信息的更新、规定前提方案和 HACCP 计划文件的更新	7.7		
验证策划	7.8	7	检验
可追溯性系统	7.9	8.1 8.2	标识 产品追溯
不符合控制 纠正 纠正措施 潜在不安全产品的处置 撤回	7.10 7.10.1 7.10.2 7.10.3 7.10.4	 8.3	 撤回
食品安全管理体系的确认、验证和改进	8		
总则	8.1		
控制措施组合的确认	8.2		
监视和测量的控制	8.3	7	检验

表 A.1（续）

GB/T 22000—2006		GB/T 27305—2008	
食品安全管理体系的验证 内部审核 单项验证结果的评价 验证活动结果的分析	8.4 8.4.1 8.4.2 8.4.3		
改进 持续改进 食品安全管理体系的更新	8.5 8.5.1 8.5.2		

参 考 文 献

[1] GB 4803—1994 食品容器、包装材料用聚氯乙烯树脂卫生标准

[2] GB 7105—1986 食品容器过氯乙烯内壁涂料卫生标准

[3] GB 9681—1988 食品包装用聚氯乙烯成型品卫生标准

[4] GB 9683—1988 复合食品包装袋卫生标准

[5] GB 9685—2003 食品容器、包装材料用助剂使用卫生标准

[6] GB 9687—1988 食品包装用聚乙烯成型品卫生标准

[7] GB 9688—1988 食品包装用聚丙烯成型品卫生标准

[8] GB 9689—1988 食品包装用聚苯乙烯成型品卫生标准

[9] GB 9691—1988 食品包装用聚乙烯树脂卫生标准

[10] GB 9692—1988 食品包装用聚苯乙烯树脂卫生标准

[11] GB 9693—1988 食品包装用聚丙烯树脂卫生标准

[12] GB 11677—1989 水基改性环氧易拉罐内壁涂料卫生标准

[13] GB 11680—1989 食品包装用原纸卫生标准

[14] GB 13113—1991 食品容器及包装材料用聚对苯二甲酸乙二醇酯成型品卫生标准

[15] GB 13114—1991 食品容器及包装材料用聚对苯二甲酸乙二醇酯树脂卫生标准

[16] GB 14942—1994 食品容器、包装材料用聚碳酸酯成型品卫生标准

[17] GB 14944—1994 食品包装用聚氯乙烯瓶盖垫片及涂料卫生标准

[18] GB 16331—1996 食品包装材料用尼龙6树脂卫生标准

[19] GB 17326—1998 食品容器、包装材料用橡胶改性的丙烯腈-丁二烯-苯乙烯成型品卫生标准

[20] GB 17327—1998 食品容器、包装材料用丙烯腈-苯乙烯成型品卫生标准

[21] GB/T 22004—2007 食品安全管理体系 GB/T 22000—2006的应用指南

[22] 国家质量监督检验检疫总局.出口食品生产企业卫生注册登记管理规定.2002年第20号令.

[23] 国家质量监督检验检疫总局.出口食品生产企业卫生要求.2002年第20号令附件2.

[24] 国家质量监督检验检疫总局.食品召回管理规定.2007年第98号令.

[25] 国家质量监督检验检疫总局.食品标识管理规定.2007年第102号令.

[26] 国家认证认可监督管理委员会.食品生产企业危害分析与关键控制点(HACCP)管理体系认证管理规定.2002年第3号公告.

[27] 国家认证认可监督管理委员会.食品安全管理体系认证实施规则.2007年第3号公告.

[28] BRC全球标准.食品.2005.

[29] 中国国家认证认可监督管理委员会.果蔬汁HACCP体系的建立与实施.北京:知识产权出版社,2002.

[30] 中国认证机构国家认可委员会等.GB/T 19011—2003质量和(或)环境管理体系审核指南.北京:中国标准出版社,2003.

[31] 中国合格评定国家认可中心.“十五”国家重大科技专项“食品安全关键技术”课题成果,中国

食品企业和餐饮业 HACCP 体系的建立和实施丛书:食品安全管理体系评价准则、认证制度和认可制度.北京:中国标准出版社,2006.

［32］ 吴双民,王文捷.果蔬汁危害与控制及其生产企业 HACCP 体系建立和实施指南.北京:中国标准出版社,2008 年.

果汁和蔬菜汁类产品相关法律法规及标准清单

一、法律法规

（一）国内法律法规

中华人民共和国食品卫生法

中华人民共和国产品质量法

中华人民共和国计量法

中华人民共和国标准化法

中华人民共和国进出口商品检验法

中华人民共和国进出境动植物检疫法

中华人民共和国国境卫生检疫法

中华人民共和国进出口商品检验法实施条例

中华人民共和国进出境动植物检疫法实施条例

中华人民共和国国境卫生检疫法实施细则

《国务院关于加强食品等产品安全监督管理的特别规定》(国务院令第503号,2007年7月26日)

《农药管理条例》(国务院令第216号,1997年5月8日)

《食品标识管理规定》(国家质量监督检验检疫总局公告2007年第102号,2007年8月27日)

《食品召回管理规定》(国家质量监督检验检疫总局公告2007年第98号,2007年8月27日)

《关于出口食品加施检验检疫标志的公告》(国家质量监督检验检疫总局公告2007年第85号,2007年6月1日)

《禁止使用的农药和不得在蔬菜、果树、茶叶、中草药材上使用的高毒农药品种清单》(农业部公告第199号,2002年6月5日)

《出口食品生产企业卫生注册登记管理规定》(国家质量监督检验检疫总局令第20号,2002年4月19日)

《关于输美果蔬汁生产组织实施HACCP计划有关问题的通知》(国认注[2001]25号)

《出口饮料生产企业注册卫生规范》(国认注函[2003]81号,2003年6月1日)

《关于进一步加强出口果蔬产品农残检验的通知》(国质检食函[2002]266号)

《出口货物检验检疫质量控制规范》(试行)(国质检通[2002]194号)

《出口货物口岸查验规定》(国检法[2000]63号)

《进出口食品标签管理办法的补充通知》(检卫函[2000]12号文)

《进出口商品检验样品管理办法》([88]国检务第460号)

《进出口食品标签管理办法》(国家出入境检验检疫局令第19号)

《出口饮料检验管理规定》(原国家商检局1993年6月11日)

《进口食品监督检验管理办法》(1991年5月15日卫生部发布)

（二）国外法律法规

• 国际组织

国际食品法典委员会(CAC)《食品卫生通则》(CAC/RCP 1-1969,Rev. 4-2003);

《HACCP 体系及其应用准则》(Annex to CAC/RCP 1-1969, Rev. 4-2003)。

FAO/WHO CAC 食品中农药兽药最大残留限量手册(见 WTO/TBT-SPS 中国国家咨询点报告第 11 号)

• 美国

《联邦政府对良好操作规范(GMP)的条例及法规:加工、包装或保存人类食品的现行良好操作规范》(21 CFR Part 110)

《密封容器包装的热力杀菌低酸性食品》(21 CFR Part 113)

《酸化食品》(21 CFR Part 114)

《瓶装饮料法规》(21 CFR Part 129)

《警示性标签法规》(21 CFR Part 101)

《果蔬汁安全和卫生加工与进口的 HACCP 程序:最终法规》(21 CFR Part 120)

• 欧盟

《欧洲议会和欧盟理事会关于食品卫生第 852/2004 号规章》(欧洲议会和欧盟理事会第 852/2004 号规章)

《果汁及其产品要求》(欧共体委员会 93/77/EEC 决议)

《关于预防和减少苹果汁和含有苹果汁成分饮料中棒曲霉素污染的建议》(欧盟委员会 2003/598/EEC 决议)

欧盟关于人类消费用果汁和类似果蔬汁产品的理事会指令(2001/112/EC)

• 加拿大

《食品良好制造法规》(健康保护部:HPB)

《质量管理程序》(海洋渔业部:DFO)

《食品安全促进计划》(农业部:DAC,1997)

《食品和药品法案》(R.S. 1985, c. F-27)

《食品和药品法规》(C.R.C., c. 870)

《加工产品法规》(C.R.C., c. 291)

• 澳大利亚和新西兰

《食品危害控制体系》(澳大利亚检疫检验署:AQIS)

《食品安全计划》(澳大利亚和新西兰食品管理局:ANZFA)

• 英国

《食品安全法案》(1990)

• 俄罗斯

《质量体系　以 HACCP 原则为基础的食品质量管理　一般要求》(国家标准委员会)

• 日本

《HACCP,未来食品企业的自主卫生管理》(中央法规出版株式会社,1993,第二版)

二、标准

(一) 国内标准

1. 基础标准

GB 2759.1—2003　冷冻饮品卫生标准

GB 2760—2007　食品添加剂使用卫生标准

GB 2761—2005　食品中真菌毒素限量
GB 2762—2005　食品中污染物限量
GB 2763—2005　食品中农药最大残留限量
GB 5749—2006　生活饮用水卫生标准
GB 7718—2004　预包装食品标签通则
GB 10789—2007　饮料通则
GB 12695—2003　饮料企业良好生产规范
GB 14880—1994　食品营养强化剂使用卫生标准
GB 14881—1994　食品企业通用卫生规范
GB 14882—1994　食品中放射性物质限制浓度标准
GB 16321—2003　乳酸菌饮料卫生标准
GB 16740—1997　保健(功能)食品通用标准
GB 17325—2005　食品工业用浓缩果蔬汁(浆)卫生标准
GB/T 19080—2003　食品与饮料行业 GB/T 19001—2000 应用指南
GB/T 22000—2006　食品安全管理体系　食品链中各类组织的要求

2. 原料标准

GB/T 5835—1986　红枣
GB/T 9827—1988　香蕉
GB/T 10650—2008　鲜梨
GB/T 10651—2008　鲜苹果
GB/T 10791—1989　软饮料原辅材料的要求
GB/T 12947—2008　鲜柑橘
GB/T 13867—1992　鲜枇杷果
GB 18406.1—2001　农产品安全质量　无公害蔬菜安全要求
GB 18406.2—2001　农产品安全质量　无公害水果安全要求
GB/T 18407.1—2001　农产品安全质量　无公害蔬菜产地环境要求
GB/T 18407.2—2001　农产品安全质量　无公害水果产地环境要求
SB/T 10062—1992　西瓜
SB/T 10063—1992　鲜菠萝
SB/T 10090—1992　鲜桃
SB/T 10092—1992　山楂

3. 产品标准

GB/T 18963—2003　浓缩苹果清汁
GB/T 21733—2008　茶饮料
QB/T 3623—1999　果香型固体饮料
SB/T 10089—1992　浓缩柑桔汁
SB/T 10197—1993　原果汁通用技术条件
SB/T 10198—1993　浓缩果汁通用技术条件
SB/T 10200—1993　葡萄浓缩汁
SB/T 10201—1993　猕猴桃浓缩汁

SB/T 10202—1993 山楂浓缩汁
NY/T 96—1989 柑橘原汁
NY/T 97—1989 柑橘汁
NY/T 98—1989 柑橘露
NY/T 99—1989 柑橘水
NY/T 100—1989 山楂原汁
NY/T 101—1989 山楂汁
NY/T 102—1989 山楂露
NY/T 103—1989 山楂水
NY/T 104—1989 梨原汁
NY/T 105—1989 梨汁
NY/T 106—1989 梨露
NY/T 107—1989 梨水
NY/T 108—1989 葡萄原汁
NY/T 109—1989 葡萄汁
NY/T 110—1989 葡萄露
NY/T 290—1995 绿色食品 橙汁和浓缩橙汁
NY/T 291—1995 绿色食品 番石榴果汁饮料
NY/T 292—1995 绿色食品 西番莲果汁饮料
NY/T 433—2000 绿色食品 植物蛋白饮料
NY/T 434—2007 绿色食品 果蔬汁饮料

4. 检验标准

GB/T 10790—1989 软饮料的检验规则、标志、包装、运输、贮存

5. 相关标准

GB 4803—1994 食品容器、包装材料用聚氯乙烯树脂卫生标准
GB 7105—1986 食品容器过氯乙烯内壁涂料卫生标准
GB 9681—1988 食品包装用聚氯乙烯成型品卫生标准
GB 9683—1988 复合食品包装袋卫生标准
GB 9685—2003 食品容器、包装材料用助剂使用卫生标准
GB 9687—1988 食品包装用聚乙烯成型品卫生标准
GB 9688—1988 食品包装用聚丙烯成型品卫生标准
GB 9689—1988 食品包装用聚苯乙烯成型品卫生标准
GB 9691—1988 食品包装用聚乙烯树脂卫生标准
GB 9692—1988 食品包装用聚苯乙烯树脂卫生标准
GB 9693—1988 食品包装用聚丙烯树脂卫生标准
GB 11677—1989 水基改性环氧易拉罐内壁涂料卫生标准
GB 11680—1989 食品包装用原纸卫生标准
GB 13113—1991 食品容器及包装材料用聚对苯二甲酸乙二醇酯成型品卫生标准
GB 13114—1991 食品容器及包装材料用聚对苯二甲酸乙二醇酯树脂卫生标准
GB 14942—1994 食品容器、包装材料用聚碳酸酯成型品卫生标准

GB 14944—1994　食品包装用聚氯乙烯瓶盖垫片及粒料卫生标准
GB 16331—1996　食品包装材料用尼龙 6 树脂卫生标准
GB 17326—1998　食品容器、包装材料用橡胶改性的丙烯腈-丁二烯-苯乙烯成型品卫生标准
GB 17327—1998　食品容器、包装材料用丙烯腈-苯乙烯成型品卫生标准

（二）国际标准

1. 产品标准

CAC CX-STAN 044-81　仅限用物理方法贮藏的杏、桃和梨蜜汁法规标准
CAC CX-STAN 045-81　仅限用物理方法贮藏的桔汁法规标准
CAC CX-STAN 046-81　仅限用物理方法贮藏的葡萄柚汁法规标准
CAC CX-STAN 047-81　仅限用物理方法贮藏的柠檬汁法规标准
CAC CX-STAN 048-81　仅限用物理方法贮藏的苹果汁法规标准
CAC CX-STAN 049-81　仅限用物理方法贮藏的番茄汁法规标准
CAC CX-STAN 063-81　仅限用物理方法贮藏的浓缩苹果汁法规标准
CAC CX-STAN 064-81　仅限用物理方法贮藏的浓缩橙汁法规标准
CAC CX-STAN 082-81　仅限用物理方法贮藏的葡萄汁法规标准
CAC CX-STAN 083-81　仅限用物理方法贮藏的浓缩葡萄汁法规标准
CAC CX-STAN 084-81　仅限用物理方法贮藏的加糖浓缩葡萄汁法规标准
CAC CX-STAN 085-81　仅限用物理方法贮藏的菠萝汁法规标准
CAC CX-STAN 101-81　仅限用物理方法贮藏的不带果肉的黑加仑果汁法规标准
CAC CX-STAN 108-81　天然矿泉水法规标准
CAC CX-STAN 120-81　仅限用物理方法贮藏的黑加仑果汁法规标准
CAC CX-STAN 121-81　仅限用物理方法贮藏的浓缩黑加仑汁法规标准
CAC CX-STAN 122-81　仅限用物理方法贮藏的某些小水果果肉饮料法规标准
CAC CX-STAN 138-81　仅限用物理方法贮藏的浓缩菠萝汁法规标准
CAC CX-STAN 139-81　在生产中加入防腐剂的浓缩菠萝汁法规标准
CAC CX-STAN 148-81　仅限用物理方法贮藏的蕃石榴汁饮料法规标准
CAC CX-STAN 149-81　仅限用物理方法贮藏的熟透的芒果汁法规标准
CAC CX-STAN 84—81　浓缩拉布鲁斯卡甜葡萄汁
CAC CX-STAN 139—83　采用防腐剂加工的浓缩菠萝汁
CAC CX-STAN 149—83　芒果果肉液
CAC CX-STAN 164—85　其他未涉及的果汁标准
CAC CX-STAN 179—91　蔬菜汁通用标准
Codex Stan 45—1981　橘子汁标准
Codex Stan 46—1981　葡萄柚汁标准
Codex Stan 47—1981　柠檬汁标准
Codex Stan 48—1981　苹果汁标准
Codex Stan 49—1981　番茄汁标准
Codex Stan 82—1981　葡萄汁标准
Codex Stan 85—1981　菠萝汁标准
Codex Stan 120—1981　黑加仑汁标准

Codex Stan 164—1980　其他类果汁标准

Codex Stan 179—1991　蔬菜汁标准

2. 检测标准

ISO 750:1981	水果和蔬菜制品　可滴定酸度的测定
ISO 751:1981	水果和蔬菜制品　水不溶性固形物的测定
ISO 762:1982	水果和蔬菜制品　矿物杂质含量的测定
ISO 763:1982	水果和蔬菜制品　盐酸不溶性灰分的测定
ISO 1026:1982	水果和蔬菜制品　真空干燥法测定干物质含量和共沸蒸馏法测定水分含量
ISO 2173:1978	水果和蔬菜制品　可溶性固形物含量的测定　折光法
ISO 2447:1974	水果和蔬菜制品　锡含量的测定
ISO 2448:1973	水果和蔬菜制品　乙醇的测定
ISO 3094:1974	水果和蔬菜制品　铜含量的测定　分光光度法
ISO 3634:1979	蔬菜制品　氯化物含量的测定
ISO 5515:1979	水果和蔬菜及其制品　分析前有机物的分解　湿法
ISO 5516:1978	水果和蔬菜及其制品　分析前有机物的分解　灰化法
ISO 5517:1978	水果和蔬菜及其制品　铁含量的测定　1,10-二氮杂菲(菲罗林)光度
ISO 5518:1978	水果和蔬菜及其制品　苯甲酸含量的测定　分光光度法
ISO 5519:1978	水果和蔬菜及其制品　山梨酸含量的测定
ISO 5520:1981	水果和蔬菜及其制品　总灰分和水溶性灰分的碱度的测定
ISO 5521:1981	水果和蔬菜及其制品　二氧化硫的定性检验法
ISO 5522:1981	水果和蔬菜及其制品　二氧化硫总量的测定
ISO 5523:1981	水果和蔬菜的液体制品　二氧化硫总量的测定
ISO 6558:1992	水果和蔬菜及其制品　胡萝卜素含量的测定　第2部分:常规方法
ISO 6560:1983	水果和蔬菜及其制品　苯甲酸含量的测定　分子吸收光谱法
ISO 6632:1981	水果和蔬菜及其制品　挥发性酸度的测定
ISO 6633:1984	水果和蔬菜及其制品　铅含量的测定　无火焰原子吸收分光光度法
ISO 6634:1982	水果和蔬菜及其制品　含砷量的测定　二乙基二硫代氨基甲酸银分光光度法
ISO 6635:1984	水果和蔬菜及其制品　亚硝酸盐和硝酸盐的测定　分子分光光度法
ISO 6636-2:1981	水果和蔬菜及其制品　锌含量的测定　第2部分:原子吸收光谱法
ISO 6637:1984	水果和蔬菜及其制品　汞含量的测定　无火焰原子吸收光谱法
ISO 6638-2:1984	水果和蔬菜及其制品　甲酸含量的测定
ISO 9526:1990	水果和蔬菜及其制品　铁含量的测定　火焰原子吸收光谱法
ISO 2172:1983	果汁　可溶性固形体含量的测定　比重计法
ISO 8128-1:1993	苹果汁、浓缩苹果汁和含果汁的饮料　棒曲霉含量的测定(高效液相色谱法)
ISO 8128-2:1993	苹果汁、浓缩苹果汁和含果汁的饮料　棒曲霉含量的测定(薄层相色谱法)
AOAC 990.12	3M测试片检测食品中细菌总数
AOAC 991.14	3M测试片检测食品中大肠杆菌、大肠菌群
AOAC 996.08	ELFA方法检测食品中沙门氏菌
AOAC 997.02	3M测试片检测食品中霉菌/酵母菌
AOAC 2000.15	3M测试片快速检测食品中大肠杆菌
AOAC 2001.05	3M测试片检测食品中金黄色葡萄球菌

参考文献

［1］ 杜朋.果蔬汁饮料工艺学.北京:农业出版社,1992.

［2］ 李怀林等.ISO 22000食品安全管理体系通用教程.北京:中国计量出版社,2007.

［3］ 中国国家认证认可监督管理委员会.果蔬汁HACCP体系的建立与实施.北京:知识产权出版社,2002.

［4］ 中国认证机构国家认可委员会等.GB/T 19011—2003质量和(或)环境管理体系审核指南.北京:中国标准出版社,2003.

［5］ 中国合格评定国家认可中心.食品安全管理体系评价准则 认证制度和认可制度.北京:中国标准出版社,2006.

［6］ 吴双民,王文捷.果蔬汁危害与控制及其生产企业HACCP体系建立和实施指南.北京:中国标准出版社,2008.

［7］ 王谦道.饮料灌装间洁净环境的控制技术.中国国际饮料科技报告会论文集.2007:211-213.

［8］ 郑仁德.如何有效控制灌装环境的空气清洁度.中国国际饮料科技报告会论文集.2007:75-79.

［9］ 杨桂馥,罗瑜.现代饮料生产技术.天津科学技术出版社,1997.

［10］ Mazzotta A S. Thermal inactivation of stationary-phiase and acid-adapted *Escherichia coli* O157:H7, Salmonella and Listeria monocytogenes in fruit juices, Journal of Food Protect. 2001,64(3): 315-320.

［11］ Mak P P, Ingham B H and Ingham S C. Validation of apple cider pasteurization treatments against *Escherichia coli* O157: H7, Salmonella, and Listeria monocytogenes, Journal of Food Protection. 2001,64(11):1670-1689.

［12］ Splittstoesser D F. Recent developments in the microbiology of fruit juices. Juice Technology Workshop, Cornell University, 1993.

［13］ Splittstoesser D F, McLellan M R, Churey J J. Heat resistance of *Escherichia coli* O157:H7 in apple juice. Journal of Food Protection, 1995,59(3):226-229.